职业教育物联网应用技术专业系列教材

CC2530单片机技术与应用

第2版

组　编	北京新大陆时代教育科技有限公司
主　编	杨　瑞　董昌春　邓　立
副主编	李　响　夏智伟　田悦妍
	唐灵飞　屈青青
参　编	郭丽君　刘晓竹　李　煜
	魏美琴　黄有为

机械工业出版社

本书按照企业对物联网技术应用开发者的能力要求，根据高等教育及职业教育改革精神，实施任务化教学设计，以C语言为程序开发语言，以CC2530单片机为学习对象，按照由浅入深的学习顺序，从常用功能到专有功能的讲解，设计了12个学习单元共15个典型任务。书中将51单片机的基本知识与CC2530单片机的应用知识相结合，介绍了CC2530单片机的基本知识和应用，结合物联网技术应用开发中的实际案例和全国职业院校技能大赛物联网赛项题目设计了具体实施任务，是一本理实一体化教材。

本书可作为各类职业院校物联网应用技术、电子工程技术、应用电子技术、自动控制技术等专业的单片机应用技术课程教材，也可以作为单片机技术培训班的教材或相关技术人员的参考用书。

本书配有微课视频（扫描书中二维码观看），是"互联网+"新形态教材。

本书配有电子课件，选用本书作为授课教材的教师可以从机械工业出版社教育服务网（www.cmpedu.com）免费注册下载或联系编辑（010-88379194）咨询。

图书在版编目（CIP）数据

CC2530单片机技术与应用 / 北京新大陆时代教育科技有限公司组编；杨瑞，董昌春，邓立主编. —2版. —北京：机械工业出版社，2021.4（2025.1重印）

职业教育物联网应用技术专业系列教材

ISBN 978-7-111-67967-7

Ⅰ．①C… Ⅱ．①北…②杨…③董…④邓… Ⅲ．①单片微型计算机—高等职业教育—教材 Ⅳ．①TP368.1

中国版本图书馆CIP数据核字（2021）第061495号

机械工业出版社（北京市百万庄大街22号 邮政编码100037）

策划编辑：李绍坤 梁 伟　责任编辑：梁 伟 张星瑶
责任校对：蔺庆翠　　　　　封面设计：鞠 杨
责任印制：刘 媛

河北鑫兆源印刷有限公司印刷

2025年1月第2版第11次印刷

184mm×260mm·13.25印张·304千字

标准书号：ISBN 978-7-111-67967-7

定价：45.00元

电话服务　　　　　　　　　网络服务

客服电话：010-88361066　　机 工 官 网：www.cmpbook.com
　　　　　010-88379833　　机 工 官 博：weibo.com/cmp1952
　　　　　010-68326294　　金 书 网：www.golden-book.com
封底无防伪标均为盗版　　　机工教育服务网：www.cmpedu.com

前言
▶ PREFACE

为解决传统的单片机教材，不适合物联网应用技术专业使用的问题，北京新大陆时代教育科技有限公司联合国内相关院校，对接物联网企业岗位需求，结合高职学生特点及相关院校物联网应用技术专业建设实际，开发了本书。

在内容选取上，本书以物联网技术应用中常见的CC2530芯片作为单片机学习研究对象，兼顾通用单片机应用所需基础知识，同时结合企业物联网工程师岗位人才需求，将内容划分成12个学习单元共15个任务。学习单元1讲解单片机的相关基本概念和IAR开发环境的运用方法；学习单元2讲解I/O端口的输出控制和输入识别；学习单元3讲解中断系统和外部中断输入应用；学习单元4讲解定时/计数器概念和运用方法；学习单元5讲解串口通信的实现；学习单元6讲解A-D转换模块的运用方法；学习单元7讲解看门狗功能及使用；学习单元8讲解电源管理和低功耗实现；学习单元9讲解DMA传输方式；学习单元10讲解内部Flash存取操作；学习单元11讲解随机数生成器的相关概念和使用方法；学习单元12讲解定时计数器的PWM功能应用。

在内容编排上，本书基于物联网硬件设计开发工作过程中的典型工作任务进行教学单元设计；每一个学习单元按照单元概述、学习目标、任务、单元总结的顺序编排；每个任务按照任务要求、任务分析、必备知识、任务实施、任务拓展的顺序安排，任务驱动、层次分明，非常适合教学。本书可作为各类职业院校、应用型本科院校、培训机构的单片机应用课程教材，也可作为相关技术人员的参考用书。

本书具有以下特点。

1）由浅入深，分层次学习。学习单元1到学习单元5属于基本应用能力学习，学习单元6到学习单元12属于高阶能力学习，不同层次的院校或读者可根据自身情况选择学习的内容。

2）理论与实践相结合。作为一本理实一体化教材，书中每个学习任务都以实际开发项目为载体，在讲述任务实施所必需的基本知识后，紧跟任务实施指导。

3）各学科知识融会贯通。在任务实施过程中，引导读者将单片机技术与其他课程（如电子应用技术、C语言程序开发等）的知识相结合，让读者学会将各学科知识融会贯通，以解决实际问题。

4）根据岗位实际设定学习内容。采用C语言编程，以CC2530为主要学习对象，对接物联网工程技术人员岗位实际需求。

5）实践操作通用性高。本书实践部分的源代码测试以北京新大陆时代教育科技有限公司提供的物联网实验教学设备作为硬件平台，但在书中对硬件设计和任务实施思路进行了详细的讲解，因此可以很方便地使用其他基于CC2530的实验设备来完成书中的实践任务。

6）配套完整的相关学习资源。提供了15个任务的全部源代码文件。

不同层次院校根据开设课程的学习深度，可参照下表安排教学学时。

学习单元	分配学时
学习单元1　开发入门	8
学习单元2　并行I/O端口应用	8
学习单元3　外部中断应用	6
学习单元4　定时/计数器应用	6
学习单元5　串口通信应用	8
学习单元6　A-D转换应用	4
学习单元7　看门狗应用	4
学习单元8　电源管理应用	4
学习单元9　DMA应用	4
学习单元10　内部Flash读写应用	4
学习单元11　随机数生成器应用	4
学习单元12　PWM控制	4

本书由北京新大陆时代教育科技有限公司组编，杨瑞、董昌春和邓立任主编，李响、夏智伟、田悦妍、唐灵飞和屈青青任副主编，参加编写的还有郭丽君、刘晓竹、李煜、魏美琴和黄有为。

在本书编写过程中参考了相关的文献与资料，在此向相关作者表示感谢，同时感谢北京新大陆时代教育科技有限公司给予的大力支持。

由于编者水平有限，书中错误之处在所难免，恳请各位读者批评指正。

编　者

二维码索引

（续）

序号	视频名称	二维码	页码	序号	视频名称	二维码	页码
17	学习单元4 02 CC2530定时计数器类型		56	25	学习单元5 04 串口通信编程实现向上位机发送字符串1		75
18	学习单元4 03 CC2530定时计数器使用方法和相关寄存器		57	26	学习单元5 05 串口通信编程实现向上位机发送字符串2		75
19	学习单元4 04 CC2530定时计数器流水灯编程实验一		63	27	学习单元5 06 串口通信编程上位机通过串口控制LED亮灭		85
20	学习单元4 05 CC2530定时计数器编程实现流水灯实验二		64	28	学习单元6 01 电信号概念和分类		95
21	学习单元4 06 定时计数器总结		65	29	学习单元6 02 CC2530ADC相关概念		96
22	学习单元5 01 数据通信及串口通信概念介绍		69	30	学习单元6 03 CC2530ADC寄存器		99
23	学习单元5 02 串口通信原理介绍		69	31	学习单元6 04 CC2530ADC编程获取光照值一		105
24	学习单元5 03 串口通信相关寄存器		71	32	学习单元6 05 CC2530ADC编程获取光照值二		105

（续）

（续）

序号	视频名称	二维码	页码	序号	视频名称	二维码	页码
49	学习单元11 02 随机数相关芯片手册阅读		181	53	学习单元12 03 定时器1比较模式		194
50	学习单元11 03 随机数编程实现		183	54	学习单元12 04 CC2530呼吸灯实现一		196
51	学习单元12 01 使用PWM控制呼吸灯的原理		191	55	学习单元12 05 CC2530呼吸灯实现二		197
52	学习单元12 02 定时器1在PWM中的应用		191				

CONTENTS

学习单元 ①

开发入门

　　本学习单元的主要内容是CC2530单片机的基础知识和技能，由"为CC2530烧写程序"和"让所有发光二极管闪烁"两个任务构成。任务1介绍了单片机的基础知识和为CC2530单片机烧写程序的方法。任务2介绍了使用IAR开发环境创建CC2530项目的方法。学生通过学习和完成这两个任务，可以对CC2530单片机的开发与使用有一个初步的了解，也为后续的学习提供最基本的理论知识和操作技能。

学习目标

知识目标：

　　理解单片机的概念和特点。

　　掌握单片机的类型。

　　了解单片机的内部构成。

　　熟悉单片机的基本开发方法。

　　了解单片机开发使用的语言和工具。

技能目标：

　　能够为CC2530单片机烧写程序。

　　能够使用IAR编程环境建立CC2530开发项目。

素质目标：

　　具备开阔、灵活的思维能力。

　　具备积极、主动的探索精神。

　　具备严谨、细致的工作态度。

任务1　为CC2530烧写程序

任务要求

使用SmartRF Flash Programmer软件将"资源\学习单元1\任务1\"目录下的"下位机测试程序.hex"文件烧写到CC2530单片机中，观看实验板上LED灯的闪烁效果。

任务分析

单片机只有在烧录程序后才能实现具体应用所需要的功能。本任务是利用SmartRF Flash Programmer软件将已经编译好的下位机程序烧写到CC2530单片机内部，进而观察单片机的运行情况。

为实现将程序烧写到CC2530单片机内部，首先需要有编译好的下位机程序，然后使用硬件工具将计算机与CC2530实验板连接在一起，最后利用软件工具将下位机程序烧写到CC2530单片机的内部。

建议学生带着以下问题去进行本任务的学习和实践。

- 什么是单片机？
- 单片机在人们的生活中有哪些具体的应用？
- 单片机的内部结构包括哪些关键部分？
- CC2530是一款什么样的单片机？
- 如何将CC2530单片机连接到计算机以便烧写应用程序？
- 如何使用SmartRF Flash Programmer为CC2530单片机烧写应用程序？

必备知识

扫码看视频

1．单片机的基本知识

（1）单片机的概念

在当今社会的生活和生产中充斥着信息化技术、自动化技术和智能化技术，这些技术的发展和应用都依靠计算机技术的发展与进步。例如，人们生活中使用的微波炉、自动洗衣机和智能手机等都是依靠内部的计算机来进行控制的。而通用计算机由于体积、成本和功耗的限制，无法直接安装到很多设备中去使用。可以想象一台普通计算机安装到智能手机中的景象，这将导致手机的体积、成本、重量等指标变得令人无法接受。因此，为了满足实际应用中的需求而出现了单片机。

单片机（Microcontrollers）也叫微控制器，是一种集成电路芯片，它通过超大规模集成电路技术把具有数据处理能力的中央处理器CPU、随机存储器RAM、只读存储器ROM、输入输出I/O端口、中断控制系统、定时/计数器和通信等多种功能部件集成到一块硅片上，从而构成了一个体积小但功能完善的微型计算机系统。简单来说，单片机就是一个将微型计算机系统制作到里面的集成电路芯片，如图1-1和图1-2所示。

图1-1　LQFP80封装的89C51单片机　　　　图1-2　QFN40封装的CC2530单片机

（2）单片机的特点

与通用计算机相比，单片机主要具有以下特点。

1）体积小、结构简单、可靠性高。单片机的内部采用总线结构，将包括时钟电路、中央处理器、定时/计数器，I/O端口等各类电路集成在一块芯片上，减少了外围器件和器件之间的连线，大大提高了单片机的可靠性与抗干扰能力。另外，因为其体积小，所以对于强磁场等外部环境，更易于采取相应的屏蔽措施，适合在恶劣的环境下工作。

2）控制能力强。虽然单片机的结构组成简单，但是它已经具备了通用计算机拥有的控制功能。单片机指令系统中有丰富的转移指令、具备I/O端口的逻辑操作和位处理能力，CPU可以直接对I/O进行算术操作、逻辑操作和位操作，指令简单而丰富。所以单片机也是"面向控制"的计算机。

3）低电压、低功耗。单片机可以在2.2V的电压下运行，有的已能在1.2V或0.9V下工作，目前单片机的功耗可以降至为μA级，仅使用一颗纽扣电池为其供电就可长期使用。

4）优异的性能/价格比。由于组成单片机的硬件结构简单，且使用单片机进行开发的周期短，再加上单片机的控制功能强、可靠性高、成本较低等因素，在达到同样功能的条件下，用单片机开发产品比用通用计算机开发更加适合。

（3）单片机的分类

由于单片机体积小、结构简单、功能较为完整，在实际应用中可以完全融入应用系统中，故也称其为嵌入式微控制器。根据目前的发展情况，可以从通用性、总线结构、总线位数和应用领域4个方面为单片机分类。

1）通用性。按通用性可分为通用型和专用型。通用型单片机不是为某些特殊用途设计的，而是为满足大多数初学者学习或者是开发者仅改变某些外围电路和应用程序即可使用而设计的通用性强的单片机，如本书所讲的CC2530单片机。专用型单片机是针对某一种或一类产品专门设计而成的单片机，只能用于特定的产品或场合，而不具备通用性，例如，为了满足电子体温计的要求，在片内集成ADC接口等功能的温度测量控制电路。

2）总线结构。按总线结构可分为总线型和非总线型。这是按单片机是否提供并行总线来区分的。总线型单片机是指普遍设置有并行地址总线、数据总线、控制总线的单片机，单片机引脚用以扩展并行外围器件，都可通过串行接口与单片机连接。非总线型单片机是指把所需要的外围器件及外设接口集成在一片单片机内，因此在许多情况下可以不要并行扩展总线，大大节省封装成本和芯片体积。

3）总线位数。按单片机数据总线位数可分为4位、8位、16位和32位单片机。也就是指CPU一次处理的数据的宽度，其实就是CPU中参与运算的寄存器的位数。通俗来说是指单片机CPU每次处理能力，例如，8位是指单片机一次可以计算8位数据。

4）应用领域。按应用领域可分为家电型和工控型等。家电型一般是指专用型的单片机，且此类单片机通常是封装小、价格低、外围器件和外设接口的集成度高的芯片。工控型的单片机则是寻址范围大、运算能力强的单片机，多用于大型设备。

（4）单片机的内部结构

最简单的8051单片机内部结构如图1-3所示。学生可根据单片机的概念，结合普通计算机的构成，来进一步认识单片机的内部结构。

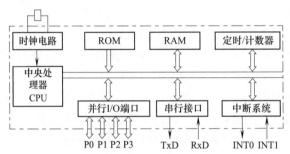

图1-3　最简单的8051单片机内部结构

1）时钟电路。时钟电路为单片机提供运行所需的节拍信号，每到来一个节拍单片机就执行一步操作，就像跑步喊口号一样。所以单片机时钟电路提供的信号频率越高，单片机运行速度就越快，类似于普通计算机的CPU运行频率。不过需要注意的是，单片机可用的时钟信号频率是有限制的，不能无限提高，同时单片机的运行速度越快往往功耗越大。

2）中央处理器。像普通计算机一样，这是整个系统的核心运算处理单元，负责数据处理和系统各功能模块工作的协调与控制。

3）只读存储器ROM。普通计算机运行所需的程序和数据存储在硬盘上，而在单片机中只读存储器ROM负责存储这些内容，当系统断电后这些数据不会丢失。由于ROM在系统运行时只能读取不能更改，导致应用灵活性欠佳，现在很多单片机都使用可读写的Flash闪存来替代ROM。

4）随机存储器RAM。普通计算机在运行过程中使用内存来存储临时数据，单片机使用内部随机存储器RAM来实现同样的功能。

5）中断系统。正常情况下，单片机按顺序逐条执行程序指令，但有时会出现急需处理的特殊情况。例如，单片机正常运行过程中突然接收到外界指令要求执行某一特殊操作。单片机使用中断系统来处理突发的、不可预料的事情。

6）并行I/O端口。I/O端口即输入（Input）/输出（Output）引脚（Pin），这是单片机与外部电路和器件主要联系的端口，可以接收外界输入的电平信号，也可以向外发送指定的电平信号。多个I/O端口构成一组传输端口（Ports），8位单片机的8个I/O端口构成一组，

16位单片机的16个I/O端口构成一组，这种分组方式便于字节数据或字数据的传输。

7）定时/计数器。定时/计数功能在很多应用系统下是常用功能。例如，实现秒表功能或统计生产流水线上加工的产品数量等，可以由编程的方式来实现，但这种方式会让CPU一直处于工作状态，不利于CPU执行其他任务或降低功耗。因此，单片机中专门设计了定时/计数器用来实现定时或计数功能，以此来降低CPU的工作负担。

8）串行接口。普通计算机可以使用串行接口与其他设备通信，单片机也具有这种串行通信接口，可以使用它来与其他单片机、外部设备或普通计算机进行信息传输。

很多单片机内部除了具备上述功能部分外，还在其基础上增加了其他功能模块，如A-D转换、I^2C通信等。

（5）单片机的运行条件

要让单片机正常运行，必须满足两个条件，分别是搭建硬件平台和下载软件程序。

1）搭建硬件平台。其中最重要的就是搭建单片机的最小系统，也叫作单片机最小应用系统，是指用最少的原件组成单片机可以工作的系统。单片机最小系统的三要素是电源、时钟电路、复位电路。

电源就是供电系统，目前主流单片机的电源分为5V和3.3V这两个标准。

时钟电路中主要的是晶振，它起到的作用是为单片机系统提供基准时钟信号，可以根据不同的需求来选择不同频率的晶振。

复位电路就像计算机的重启，当在使用中出现死机，按下重启按钮可以使计算机内部的程序从头开始执行。单片机也一样，当单片机系统在运行中受到环境干扰而出现程序跑飞的时候，按下复位按钮内部的程序会自动从头开始执行，复位电路主要包括上电复位、手动复位和程序自动复位3种。

2）下载软件程序。没有下载程序的单片机是不会有任何功能的，所以想要实现相应的功能，就需要在编写好相应的软件代码后，通过仿真器下载或者串口下载等方式，将代码下载到单片机中，才能看到相应的现象。

2．CC2530单片机简介

CC2530是用于2.4GHz IEEE 802.15.4、ZigBee和RF4CE应用的一个真正的片上系统（System on Chip，SoC）解决方案，它能够以非常低的总材料成本建立功能强大的网络节点。

（1）SoC与单片机

SoC可翻译为"芯片级系统"或"片上系统"。可以这样来理解SoC与单片机的区别：一个应用系统除了包括单片机外还包括其他外围电子器件。例如，要实现无线通信功能，电路板上需要有单片机芯片和无线收发芯片，若将整个电路板集成到一个芯片中，那么这个高度集成的芯片就可以称为SoC。

SoC为了专门的应用而将单片机和其他特定功能器件集成在一个芯片上，但其仍旧是以单片机为这个片上系统的控制核心，从使用的角度来说人们基本还是在操作一款单片机。

（2）CC2530单片机内部结构

CC2530单片机内部使用业界标准的增强型8051CPU，结合了领先的RF收发器，具有8KB容量的RAM，具备32/64/128/256KB这4种不同容量的系统内可编程闪存和其他许多强大的功能。CC2530单片机根据内部闪存容量的不同分为4种不同型号：CC2530F32/64/128/256，F后面的数值即表示该型号芯片具有的闪存容量级别。

CC2530单片机内部结构框图如图1-4所示。从信号处理方面来划分，图中浅色部分表示该部分用来处理数字信号，深色表示该部分处理模拟信号，数字信号和模拟信号都进行处理的使用过渡色表示。从功能方面来划分，A点画线框中包含的是时钟和电源管理相关的模块，B点画线框中包含的是8051CPU核心和存储器相关模块，C点画线框中包含的是无线收发相关模块，剩余部分则是CC2530单片机的其他外设模块。

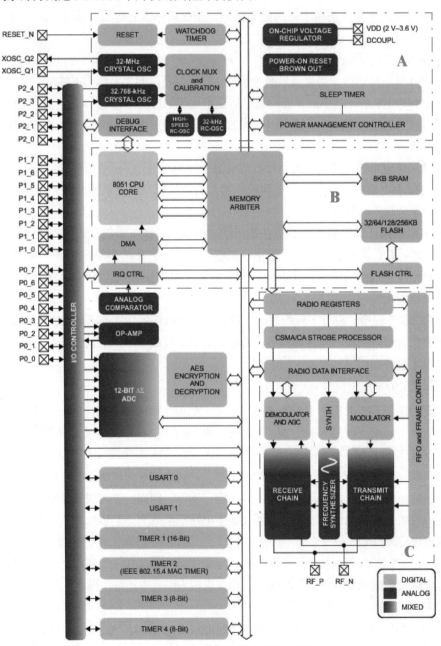

图1-4 CC2530单片机内部结构框图

（3）CC2530单片机的外设

CC2530单片机包括许多不同的外设，允许设计者开发先进的应用，其提供的外设主要包括：

- 21个通用I/O引脚。
- 闪存控制器。
- 具有5个通道的DMA控制器。
- 4个定时器。
- 1个睡眠定时器。
- 2个串行通信接口。
- 8通道12位ADC。
- 1个随机数发生器。
- 1个看门狗定时器。
- AES安全协处理器。

将在后续的任务中逐个学习这些外设的相关知识和使用方法。

（4）CC2530单片机的特点

CC2530单片机的芯片采用0.18μm CMOS工艺生产。功耗小，工作时的电流损耗仅为20mA。发射模式下的电流低于40mA，接收模式下的电流低于30mA。由于CC2530的休眠模式转换到主动模式需要的时间很短，特别适用于需要低功耗的产品。其特点还有：

1）带有高性能、低功耗、带程序预取功能的8051微控制内核。

2）带有32 / 64 / 128 / 256KB的闪存空间。

3）带有8KB的RAM和其他强大的支持功能和外设。

4）可编程输出功率达4dBm（1dBm≈0.00125W）。

5）具有强大的地址识别和数据包处理引擎。

6）具有多种运行模式，满足超低功耗系统的要求，且运行模式直接的转换时间很短，可以进一步降低能源消耗。

7）具有8路输入和可配置分辨率的12位ADC。

8）集成AES安全协处理器，硬件支持的CSMA/CA功能。

9）强大的5通道DMA。

任务实施

扫码看视频

1．安装烧写软件

SmartRF Flash Programmer（SmartRF闪存编程器）可以对德州仪器公司低功率射频片上系统的闪存进行编程，还可以用来读取和写入芯片的IEEE/MAC地址。软件的安装过程十分简单，安装完毕后SmartRF Flash Programmer的运行界面如图1-5所示。

SmartRF Flash Programmer有多个选项卡可供选择，其中"System-on-Chip"用于编程德州仪器公司的SoC芯片，例如，CC1110、CC2430和CC2530等。

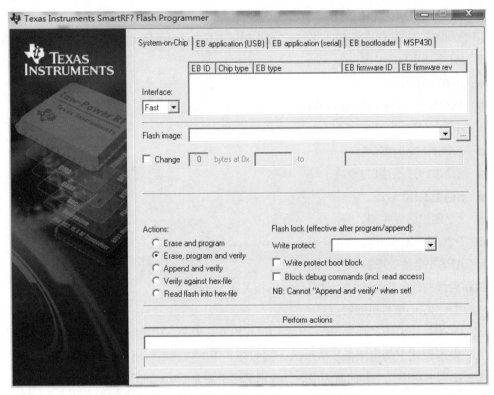

图1-5 SmartRF Flash Programmer运行界面

2．连接设备到计算机

要进行烧写程序的工作，必须将CC2530单片机与计算机连接起来，这里需要使用CC Debugger设备。该设备除了可为CC2530单片机烧写程序，还可以进行程序的在线调试。

CC Debugger使用USB数据线与计算机相连，使用10线的排线与目标设备（CC2530实验板）的调试接口相连。在与目标设备连接时，一定注意要让排线的1脚对应实验板上调试接口的1脚，即排线上的三角箭头要与实验板上的白色三角箭头对齐。实验板的调试接口与CC2530单片机的连接关系如图1-6所示。当需要自行设计应用系统时可参照此设计方式。

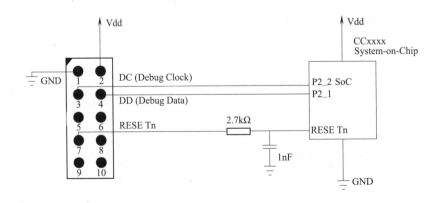

图1-6 调试接口与CC2530单片机的连接关系

3．烧写程序

在将实验板通过CC Debugger连接到计算机后，便可按以下步骤将程序烧写到CC2530单片机中。

1）运行SmartRF Flash Programmer，选择"System-on-Chip"选项卡。

2）为实验板供电后，按下CC Debugger上面的复位按钮，此时可以看到在SmartRF Flash Programmer的设备列表区显示出了当前所连接的单片机的信息，如图1-7所示。如果计算机连接了多片单片机系统，则可以在设备列表区选择要操作的单片机。

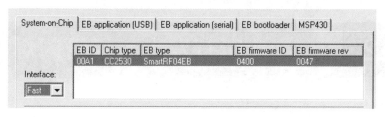

图1-7　设备列表显示的单片机信息

3）单击Flash image（闪存镜像）的选择按钮"…"，选择要烧写的下位机程序文件，如图1-8所示。选择"下位机测试程序.hex"文件。

图1-8　选择要烧写的闪存镜像文件

4）在Actions（动作）选项组中选中"Erase，program and verify"单选按钮，如图1-9所示。动作区域的5种不同动作含义分别是：

① Erase and program：擦除和编程，将擦除所选单片机的闪存，然后将.hex文件中的内容写入单片机的闪存中。

② Erase，program and verify：擦除、编程和验证，与"擦除和编程"一样，但编程后会将单片机闪存中的内容重新读出来并与.hex文件进行比较。使用这种动作可以检测编程中的错误或因闪存损坏导致的错误，所以建议使用这种动作来对单片机进行编程。

③ Append and verify：追加和验证，不擦除单片机的闪存，从已有数据的最后位置开始将.hex文件中的内容写入，完成后进行验证。

④ Verify against hex-file：验证.hex文件，从单片机闪存中读取内容与.hex文件中的内容进行对比。

⑤ Read flash into hex-file：读闪存到.hex文件，从单片机闪存中读出内容并写入.hex文件中。

5）单击下方的"Perform actions"按钮，开始对CC2530进行编程，动作执行过程中会有执行进度条显示，并在执行完毕后给出如图1-10所示的提示。

至此，完成了整个任务的内容，可以看到实验板上编号为D3的发光二极管在闪烁。

图1-9　Actions选项　　　　　　图1-10　完成动作的执行

任务2　让所有发光二极管闪烁

任务要求 ◀

在"资源\学习单元1\任务2\"目录下的"控制代码.txt"文件中给出了让所有发光二极管闪烁的C语言程序代码，要求使用IAR建立工程和项目，利用给出的代码生成要烧写到CC2530中的下位机程序文件，并将生成的.hex文件烧写到实验板上观察执行效果。

任务分析 ◀

任务中提供了写好的控制代码，这里需要自己使用IAR开发工具将给出的代码编译生成可供CC2530执行的.hex文件，最后将.hex文件烧写到CC2530中去运行。

建议带着以下问题去进行本任务的学习和实践。

- 为CC2530烧写的.hex文件是什么？
- IAR是什么？
- 如何使用IAR来为CC2530建立开发工程？
- 在线仿真调试有什么好处？

扫码看视频

必备知识 ◀

1．单片机软件的开发环境

要让单片机完成特定的工作，需要对其进行程序设计，开发人员利用编程工具将编写好的控制代码编译生成二进制文件（常见的有.hex文件和.bin文件）并下载到单片机中。

（1）编程语言

为单片机编写程序目前主要使用汇编语言和C语言。

1）汇编语言。汇编语言属于机器语言，用它编写的控制代码执行效率高，但是可读性和可维护性差，因此不利于编写复杂程序。

2）C语言。用于单片机编程的C语言与通常学习的C语言基本上是相同的，仅有一些关键词的定义不同。C语言便于识读和代码管理，学习较为简单，成为目前单片机程序开发人员使用的主流语言。

（2）编程环境。单片机的编程环境是指编写和编译代码使用的工具软件，编程环境有许多种，有的是单片机生产厂商为自己的产品专门设计的，也有很多编程环境能够支持很多厂商的不同型号单片机产品。目前主流使用的单片机编程环境有IAR和Keil。

2. IAR简介

IAR Embedded Workbench是著名的C编译器，支持众多知名半导体公司的微处理器，全球许多著名的公司都在使用该开发工具来开发他们的前沿产品，从消费电子、工业控制、汽车应用、医疗、航空航天到手机应用系统。

IAR根据支持的微处理器种类不同分为许多不同的版本，由于CC2530使用的是8051内核，这里需要选用的版本是IAR Embedded Workbench for 8051。IAR的工作界面如图1-11所示。

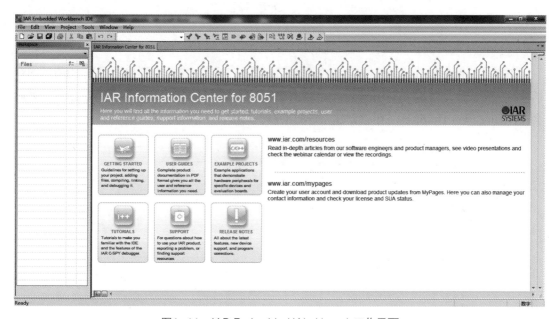

图1-11　IAR Embedded Workbench工作界面

1. 创建IAR工作区

IAR使用工作区（Workspace）来管理工程项目，一个工作区中可以包含多个为不同应用创建的工程项目。IAR启动的时候已自动新建了一个工作区，也可以执行

File→New→Workspace命令或File→Open→Workspace…命令来新建工作区或打开已存在的工作区。

2．创建IAR工程

IAR使用工程来管理一个具体的应用开发项目，工程主要包括了开发项目所需的各种代码文件。执行Project→Create New Project…命令来创建一个新的工程，此时弹出如图1-12所示的对话框。

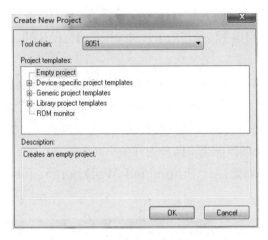

图1-12　建立新工程

选择"Empty project"来建立空白工程，单击"OK"按钮后弹出如图1-13所示的对话框，用来选择工程要保存的位置。在"文件名"后的文本框中为工程命名后保存工程，之后会在IAR的"Workspace"中看到建立好的工程，如图1-14所示。

图1-13　保存工程　　　　　　　图1-14　Workspace中建立好的工程

最后通过执行File→Save Workspace命令为工作区选择保存位置并命名保存，如图1-15所示。

图1-15　保存工作区

3．配置工程选项

工程创建好后，为使工程支持CC2530单片机和生成.hex文件等，还需要对工程的选项进行一些配置。在"Workspace"中列出的项目上右击弹出如图1-16所示的对话框，选择"Options…"命令弹出如图1-17所示的选项配置窗口。

图1-16　工程控制快捷菜单

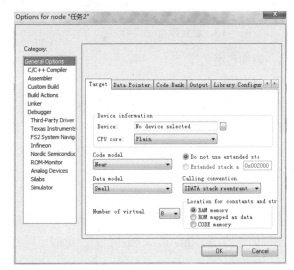

图1-17　选项配置窗口

（1）配置单片机型号

这里使用的是CC2530单片机，需要在工程中对单片机型号进行相应设置。在工程选项窗体中选择"General Options"下的"Target"选项卡，在"Device information"里单击"Device"最右侧的按钮，然后从"Texas Instruments"文件夹中选择"CC2530F256.i51"文件并打开，最终在"Device"后面的文本框中显示"CC2530F256"。

（2）配置输出.hex文件

在工程选项窗体中选择"Linker"下的"Output"选项卡，在"Format"里选择"Allow C-SPY-specific extra output file"复选框，如图1-18所示。

在工程选项窗体中选择"Linker"下的"Extra Output"选项卡，选择"Generate extra output file"复选框，再选择"Output file"中的"Override default"复选框，并在下面的文本框中输入要生成的.hex文件的全名。最后在"Format"中将"Output format"设置为"intel-extended"，整体设置如图1-19所示。

所有内容配置完毕后，单击"OK"按钮关闭配置窗口。

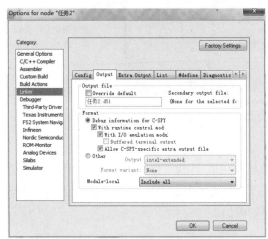

图1-18　设置Output内容　　　　　　图1-19　设置Extra Output内容

4. 添加程序文件

（1）创建代码文件

找到工程的存储目录，在目录中新建一个名为"source"的文件夹，以方便管理自己写的代码。执行File→New→File命令可在IAR中创建一个空白文件，接着将该文件通过执行File→Save命令进行保存，将该文件命名为"code.c"并将其保存到刚才创建的"source"文件夹下。

（2）将代码文件添加到工程中

在"Workspace"中的工程上右击，在弹出的快捷菜单中选择Add→Add File...命令，找到刚刚创建的"code.c"文档并打开，此时可以看到"Workspace"中的工程下出现了代码文件，如图1-20所示。

图1-20　已添加代码文件

工程名字右上角的黑色"*"表示工程发生改变还未保存，代码文件右侧的红色"*"表示该代码文件还未编译。

（3）向代码文件中添加代码

可直接将"资源\学习单元1\任务2\"目录下"控制代码.txt"文件中的内容复制到代码文件中，也可以参照下面代码手工录入到代码文件中。

```c
#include "ioCC2530.h" //引用CC2530头文件
/*******************************************************
函数名称：delay
功能：软件延时
入口参数：time——延时循环执行次数
出口参数：无
返回值：无
*******************************************************/
void delay(unsigned int time)
{
    unsigned int i;
    unsigned char j;
    for(i = 0;i < time;i++)
        for(j = 0;j < 240;j++)
        {
            asm("NOP");//asm用来在C代码中嵌入汇编语言操作
            asm("NOP");//汇编命令nop是空操作，消耗1个指令周期
            asm（"NOP"）;
        }
}


/*******************************************************
函数名称：main
功能：程序主函数
入口参数：无
出口参数：无
返回值：无
*******************************************************/
void main(void)
{
    P1SEL &= ~0xff;//设置P1口所有位为普通I/O口
    P1DIR |= 0xff;//设置P1口所有位为输出口

    while(1)//程序主循环
    {
        P1 = ~P1;//P1口输出状态反转
        delay(1000);//延时
    }
}
```

5．编译和下载

代码添加完毕后，在"Workspace"中的工程上右击，在弹出的快捷菜单中选择Rebuild All命令使IAR编译代码并生成.hex文件。可以看到在IAR下方的"Build"窗口中显示"Total number of errors: 0"和"Total number of warning: 0"，表示没有出现错误和警告。

编译完毕后，在工程存放目录下会出现名为"Debug"的文件夹，其中存放了编译过程的中间文件和最终生成的镜像文件。最终生成的.hex文件位于工程目录下的"\Debug\Exe"文件夹下。

根据在任务1中所学的知识，可将镜像文件烧写到实验板上运行。

任务拓展

程序烧写进单片机后只能观看到单片机执行程序的效果，但无法了解程序究竟是怎样一步一步执行的。可以使用IAR的在线调试功能，手动控制单片机单步执行程序，以便分析代码的运行过程。可按照下述步骤实现对CC2530的在线仿真。

（1）连接实验板

使用CC Debugger将实验板与计算机进行连接。

（2）在IAR工程中设置硬件仿真

进入工程选项配置窗口，选择"Debugger"下的"Setup"选项卡，将其中的"Driver"内容选择为"Texas Instruments"，如图1-21所示。然后单击"OK"按钮关闭配置窗口。

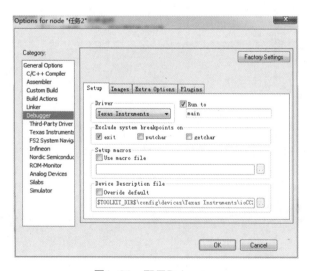

图1-21　配置Debugger

（3）开始仿真

执行Project→Download and Debug命令，IAR首先会直接通过CC Debugger将程序代码下载到CC2530中，然后启动调试窗体界面，如图1-22所示。

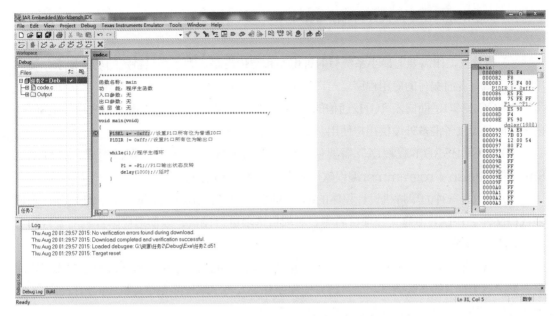

图1-22　在线调试状态

可以看到，在屏幕中有一个绿色箭头指向代码中主函数中的第一条指令，同时该部分代码以绿色背景显示。这表示CC2530单片机准备要执行绿色部分的指令，但是还没有执行。

按<F10>键，CC2530就会执行绿色箭头当前指向的代码，然后绿色箭头会移动到下一条待执行的代码位置。按<F10>键单步运行本程序，同时观察实验板上所有发光二极管的亮灭状态。

在调试状态下，可以通过如图1-23所示的工具栏上的几个按钮控制程序的执行。从左到右这些按钮的功能依次是：复位、停止执行、单步执行（会跳过函数体）、跳入到函数体中、从函数体中跳出、下一个状态、运行到光标所在行、正常运行和退出调试。

图1-23　Debug工具栏按钮

使用在线调试功能，除了能起到下载代码的作用，还能帮助我们分析代码的执行过程等，有利于进行代码的设计和分析等工作。有关在线调试的更深层次功能，可自行查找IAR在线仿真调试的相关资料进行学习。

单元总结

1）单片机也叫微控制器，是一个将微型计算机系统制作到里面的超大规模集成电路芯片，有体积小、重量轻、结构简单、可靠性高、工作电压低、功耗低、价格低廉和性价比高的特点，特别适合嵌入到其他仪器设备中来使用。

2）根据用途可将单片机分为通用型和专用型两种，根据数据处理位数则有8位、16位和32位之分。

3）单片机工作需要的最小系统有时钟电路和复位电路。为了满足特定的功能要求，要为单片机下载好专门编写的应用程序。

4）CC2530是面向2.4GHz通信的一种SoC，是一种专用的单片机，它采用的是8051内核，同时提供了很多外设供用户使用。

5）为CC2530下载程序，需要使用CC Debugger将其与计算机相连，并可使用SmartRF Flash Programmer编程软件来为其下载程序镜像文件。

6）IAR是一种为单片机设计程序的编程环境，它使用工作区来管理项目，使用项目来管理代码文件。在IAR中建立好项目后需要对项目选项进行设置，以便适应单片机的型号和生成.hex程序镜像文件。

7）IAR除了可以编辑、编译单片机应用程序外，还能起到给单片机下载程序的作用。同时，通过运用IAR的在线调试功能，可方便程序开发人员了解程序在单片机中的运行过程，方便和强化了整个程序的设计和调试工作。

习题

1）简述单片机的概念、特点和产生的原因。

2）列举几个身边单片机应用的实例。

3）除了本单元中提到的CC2530，自行查找两种通用单片机和两种SoC，列举它们各自提供的功能，并分析它们适合应用到哪些领域。

4）简述使用SmartRF Flash Programmer为CC2530烧写程序的步骤，要说明其中有哪些注意事项。

5）简述使用IAR为CC2530创建新工程项目的步骤。

学习单元 2

并行I/O端口应用

单元概述

　　本学习单元的主要内容是CC2530单片机I/O端口的使用方法，包含两个任务。任务1介绍了CC2530引脚和I/O端口的相关知识，通过本任务的学习，学生可掌握使用I/O端口输出信号的方法。任务2介绍了I/O端口的输入模式，通过本任务的学习，学生可掌握使用I/O端口获取输入信号的方法。

学习目标

知识目标：

　　了解CC2530的I/O端口所具备的特性。

　　理解通用I/O和外设I/O的区别。

　　了解上拉、下拉和三态的含义。

　　掌握特殊功能寄存器的作用。

　　熟悉CC2530控制I/O端口的相关寄存器。

　　理解简单宏定义的作用。

　　知道按键消抖的目的和方法。

技能目标：

　　能够根据实际应用对I/O端口进行配置。

　　能够使用I/O端口输出信号。

　　能够从I/O端口获取输入的信号。

　　能够使用简单宏定义来帮助编写代码。

　　能够使用软件方法消除按键抖动。

素质目标：

　　具备开阔、灵活的思维能力。

　　具备积极、主动的探索精神。

　　具备严谨、细致的工作态度。

任务1　实现流水灯效果

任务要求

　　编写程序控制实验板上的LED1和LED2的亮、灭状态，使它们以流水灯方式进行工作，即实验板通电后两个发光二极管以下述方式工作。

　　1）通电后LED1和LED2都熄灭。

　　2）延时一段时间后LED1点亮。

　　3）延时一段时间后LED2点亮，此时LED1和LED2都处于点亮状态。

　　4）延时一段时间后LED1熄灭。

　　5）延时一段时间后LED2熄灭，此时LED1和LED2都处于熄灭状态。

　　6）返回步骤2）循环执行。

任务分析

　　本任务主要是实现对LED灯的控制，因此需要知道CC2530是如何向外输出控制信号的，LED是如何与CC2530进行连接和工作的，以及怎样通过程序来控制CC2530输出所需要的信号。

　　建议带着以下问题去进行本任务的学习和实践。

● CC2530有哪些I/O端口？

● CC2530的I/O端口有什么特性？

● 要控制CC2530的I/O端口需要用到哪些寄存器？

● 如何编写程序控制I/O端口对外输出信号？

必备知识

　　1. CC2530的引脚

　　CC2530单片机采用QFN40封装，外观上是一个边长为6mm的正方形，每个边上有10个引脚，总共40个引脚。CC2530的引脚布局如图2-1所示。

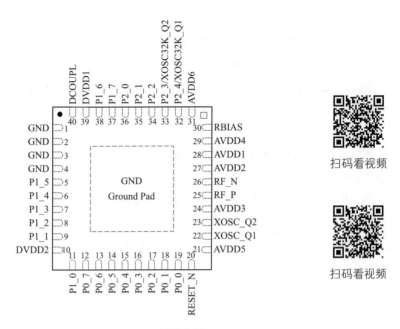

扫码看视频

扫码看视频

图2-1　CC2530引脚布局

可按表2-1将CC2530的40个引脚按功能进行分类，各个引脚的详细介绍请参考附录A。

表2-1　引脚类型划分

引脚类型	包含引脚	功能简介
电源类引脚	AVDD1～AVDD6、DVDD1～DVDD2、GND、DCOUPL	为芯片内部供电
数字I/O引脚	P0_0～P0_7、P1_0～P1_7、P2_0～P2_4	数字信号输入/输出
时钟引脚	XOSC_Q1、XOSC_Q2	时钟信号输入
复位引脚	RESET_N	让芯片复位
RF引脚	RF_N、RF_P	外接无线收发天线
其他引脚	RBIAS	外接偏置电阻

2．CC2530的I/O引脚

CC2530芯片共有21个可用的引脚，分为3组，分别是P0、P1、P2。其中P0组和P1组里都有8个可用的I/O端口，P2组仅有5个可用的I/O端口。I/O端口的主要特性如下。

（1）可用作通用的I/O端口

用作通用I/O端口时可以通过程序来控制引脚的输入输出模式。输出模式是指可以对外输出高电平(逻辑1)和低电平（逻辑0）来控制相关电路上的高低电平。输入模式就是可以直接读取I/O端口的逻辑电平。

（2）可配置为外部设备引脚

单片机的外部设备（简称外设）是指CC2530内部具有的ADC、定时器、串行通信模块、PWM等功能模块。可以通过编程建立起I/O与单片机外设的连接，从而可以建立起单片机外设与外围设备的信息交换。需要注意的是，单片机外设与I/O之间是具有一一对应的关系的，也就是不能随意将某个I/O端口连接到某个外设上，它们的对应关系可以参照本书附录B。

（3）可配置为输入端口模式

当I/O端口被配置为通用输入端口时，输入模式有3种，分别是上拉模式、下拉模式和三态模式，三态模式一般用在进行ADC转换的时候。

（4）可用作外部中断

外部中断其实就是指通用I/O端口的中断功能，也就是当一个I/O端口的电平发生变化时自动产生一个硬件信号，自动暂停当前程序的执行，触发调用一个处理函数。CC2530的51内核有18个中断源，每个中断源都有自己的中断标志SFR寄存器，每个中断源都可以开启或者关闭。CC2530的所有21个I/O端口都具有外部中断功能。因此，外部设备也可能根据需要而产生中断。外部中断功能也可用于将器件从睡眠模式（电源模式PM1、PM2和PM3）中唤醒。

3．I/O端口的相关寄存器

在单片机内部有一些具有特殊功能的存储单元，这些存储单元用来存放控制单片机内部器件的命令、数据或是运行过程中的一些状态信息。这些寄存器统称为特殊功能寄存器（SFR），操作单片机本质上就是对这些特殊功能寄存器进行读写操作，并且某些特殊功能寄存器可以位寻址。例如，通过已配置好的P1_1口向外输出高电平可用以下代码实现：

P1 = 0x02;　或者　P1_1 = 1;

P1是特殊功能寄存器的名字，P1_1是P1中一个位的名字，为了便于使用，每个特殊功能寄存器都会起一个名字。与CC2530的I/O端口有关的主要特殊功能寄存器见表2-2，其中x取值为0~2，分别对应P0、P1和P2口。

表2-2　与CC2530的I/O端口有关的主要特殊功能寄存器

名称	功能描述
Px	端口数据，用来控制端口的输出或获取端口的输入
PERCFG	外设控制，用来选择外设功能在I/O端口上的位置
APCFG	模拟外设I/O配置，用来配置P0都作为模拟I/O端口使用
PxSEL	端口功能选择，用来设置端口是通用I/O还是外设I/O
PxDIR	端口方向，当端口为通用I/O端口时，用来设置数据传输方向
PxINP	端口输入模式，当端口为通用输入端口时，用来选择输入模式
PxIFG	端口中断状态标志，使用外部中断时，用来表示是否有中断
PICTL	端口中断控制，使用外部中断时，用来配置端口中断触发类型
PxIEN	端口中断屏蔽，用来选择是否使用外部中断功能
PMUX	掉电信号，用来输出32kHz时钟信号或内部数字稳压状态

可以看到I/O端口的相关寄存器有很多，在实际运用时只需根据需要使用其中的部分寄存器即可。同时需要注意，特殊功能寄存器中的各位数据都是有操作约定的，见表2-3。

表2-3　寄存器位操作约定

符号	访问模式
R/W	可读取也可写入
R	只能读取
R0	读出的值始终为0
R1	读出的值始终为1
W	只能写入
W0	写入任何值都变成0
W1	写入任何值都变成1
H0	硬件自动将其变成0
H1	硬件自动将其变成1

任务实施 ◀

1．电路分析

要使用单片机控制外界器件，就要清楚器件与单片机的连接关系和工作原理，这样才能在编写程序时知道应该操作哪些I/O端口或功能模块，以及应该输入或输出什么样的控制信号。

（1）LED的连接和工作原理

实验板上LED1和LED2与CC2530的连接如图2-2所示，LED1和LED2的负极端分别通过一个限流电阻连接到地（低电平），它们的正极端分别连接到CC2530的P1_0端口和P1_1端口。

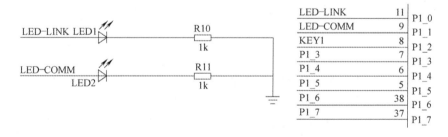

图2-2　LED与CC2530连接电路图

为控制两个LED，连接LED的P1_0端口和P1_1端口应被配置成通用输出端口。当端口输出低电平（逻辑值0）时，LED正极端和负极端都为低电平，LED两端没有电压差，也就不会有电流流过LED，此时LED熄灭。当端口输出高电平时，LED正极端电平高于负极端电平，LED两端存在电压差，会有电流从端口流出并通过LED的正极端流向负极端，此时LED点亮。

（2）驱动电流

LED工作时的电流不能过大，否则会将其烧坏，同时CC2530的I/O端口输入和输出电流的能力是有限的，因此这里需要使用限流电阻R10和R11来限制流电流的大小。红色LED和绿色LED工作时的电压压降约为1.8V，I/O端口的输出电压为3.3V，当LED点亮时其工作电流的大小也就是流过电阻的电流大小。当前电路中电流的大小可用下式计算。

$$电流大小 = \frac{输出电压-LED压降}{限流电阻阻值} = \frac{3.3V-1.8V}{1k\Omega} = 1.5mA$$

CC2530的I/O端口除P1_0和P1_1端口有20mA的驱动能力外，其他I/O端口只有4mA的驱动能力，在应用中从I/O端口流入或流出的电流不能超过这些限定值。

2．代码设计

（1）建立工程

参照学习单元1任务2建立本任务的工程项目，在项目中添加名为"code.c"的代码文件。

（2）编写代码

根据任务要求，可将LED的控制流程用流程图进行表示，如图2-3所示。

扫码看视频

扫码看视频

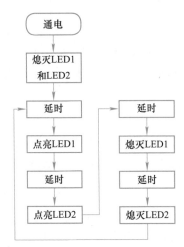

图2-3　LED控制流程

1）引用CC2530头文件。在code.c文件中引用"ioCC2530.h"文件：

```
#include "ioCC2530.h" //引用CC2530头文件
```

该文件是为CC2530编程所需的头文件，它包含了CC2530中各个特殊功能寄存器的定义。只有在引用该头文件后，才能在程序代码中直接使用特殊功能寄存器的名称，如P1、P1DIR等。

2）设计延时函数。LED控制流程中需要用到延时，在code.c中单独编写一个名为"delay"的延时函数，在需要延时的地方调用该函数即可。delay函数定义如下：

```
/**************************************************************
函数名称：delay
功能：软件延时
入口参数：time——延时循环执行次数
出口参数：无
```

```
返回值：无
******************************************************************/
void delay(unsigned int time)
{
    unsigned int i;
    unsigned char j;
    for(i = 0;i <time;i++)
            for(j = 0;j < 240;j++)
            {
                        asm("NOP");//asm用来在C代码中嵌入汇编语言操作，汇
                        asm("NOP");//编命令nop是空操作，消耗1个指令周期。

                        asm("NOP");

            }
}
```

延时函数使用两个for循环嵌套来让CPU执行，以达到消耗时间的目的。函数带有一个整型参数time，在调用函数时，所填入time值的大小决定了延时时间的长短。

3）初始化I/O端口。LED1和LED2分别连接到P1_0和P1_1，需要将这两个I/O端口配置成通用I/O功能，并将端口的数据传输方向配置成输出。

① 将P1_0和P1_1设置成通用I/O。

将I/O端口配置成通用I/O需要使用PxSEL特殊功能寄存器，该寄存器的描述见表2-4。

表2-4　PxSEL寄存器

位	位名称	复位值	操作	描述
7:0	SELPx_[7:0]	0x00	R/W	设置Px_7到Px_0端口的功能 0：对应端口为通用I/O功能 1：对应端口为外设功能

这里的"x"是指要使用的端口编号，任务中使用的是P1口的两个端口，所以在编程时寄存器的名字应该是P1SEL。将P1_0和P1_1设置为通用I/O，就是将P1SEL寄存器中的第0位和第1位设置成数值0，设置方法如下：

```
P1SEL &= ~0x03;        //设置P1_0和P1_1口为普通I/O端口
```

十六进制数0x03转换成二进制后是0000 0011B，前面加取反符号"～"后数值变成1111 1100B。"a &= b"是指将a与b进行按位"与"运算，运算结果赋值给a。由于0与任何数进行"与"操作结果都是0。1与任何数进行"与"操作运算的结果都是另一个数本身，所以这种操作方式能在实现将指定位复位（设置成0）的同时不影响其他位的值。此时P1SEL中的第0位和第1位被设置成0，其他位不变。

注意：由于P2口只有5个端口，真正使用的一般只有3个，因此P2SEL寄存器中的位定义和功能与P0SEL和P1SEL不同，详情可参考CC2530的编程手册。

② 将P1_0和P1_1设置成输出口。

两个端口被配置成通用I/O功能后，还要设置其传输数据的方向。这里使用这两个端口对LED进行控制，这实际是在对外输出信号，因此要将P1_0和P1_1的传输方向设置成输出。配置端口的传输方向使用PxDIR寄存器，其描述见表2-5。

表2-5　PxDIR寄存器

位	位名称	复位值	操作	描述
7:0	DIRPx_[7:0]	0x00	R/W	设置Px_7到Px_0端口的传输方向 0：输入 1：输出

将P1_0和P1_1设置成输出，需要将P1DIR中的DIRP1_0和DIRP1_1两位设置成1，具体方法如下：

```
P1DIR |= 0x03;        //设置P1_0口和P1_1口为输出口
```

此处使用"|="运算来对P1DIR进行设置，可以将相应位置位（设置成1）且不影响其他位。

③ 熄灭LED1和LED2。

根据电路连接可知，要熄灭LED只需让对应的I/O端口输出0，在将对应端口设置成通用输出口后，可以采用以下代码来实现：

```
P1_0 = 0;          //熄灭LED1
P1_1 = 0;          //熄灭LED2
```

以上①～③构成了整个初始化代码。初始化代码是后续代码实现功能的前提，且在CC2530上电后只需要执行一次，因此要将其放置在主函数（main函数）中的最前面。

4）设计主功能代码。根据任务要求，主功能实现代码如下：

```
while(1)//程序主循环
{
    delay(1000);     //延时
    P1_0 = 1;        //点亮LED1
    delay(1000);     //延时
    P1_1 = 1;        //点亮LED2
    delay(1000);     //延时
    P1_0 = 0;        //熄灭LED1
    delay(1000);     //延时
    P1_1 = 0;        //熄灭LED2
}
```

一般需要实现的功能往往都是要循环执行的，单片机在执行代码时是逐条命令语句依次执行，当执行完最后一条命令语句后，并不确定单片机下一步要执行什么。因此主函数中必须使用死循环结构，明确让单片机执行完最后一条指令后返回到循环体开始处重新执行。可以选用while(1) { }方式或for(;;) { }方式来实现死循环。

整个任务实现的完整代码如下：

```c
#include "ioCC2530.h" //引用CC2530头文件



/*****************************************************************
函数名称：delay
功能：软件延时
入口参数：time——延时循环执行次数
出口参数：无
返回值：无
*****************************************************************/
void delay(unsigned int time)
{
    unsigned int i;
    unsigned char j;
    for(i = 0;i <time;i++)
            for(j = 0;j < 240;j++)
            {
                    asm("NOP");//asm用来在C代码中嵌入汇编语言操作，
                    asm("NOP");//汇编命令nop是空操作，消耗1个指令周期。
                    asm("NOP");
            }
}



/*****************************************************************
函数名称：main
功能：程序主函数
入口参数：无
出口参数：无
返回值：无
*****************************************************************/
void main(void)
{
    P1SEL &= ~0x03;        //设置P1_0端口和P1_1端口为普通I/O端口
    P1DIR |= 0x03;         //设置P1_0端口和P1_1端口为输出端口

    P1_0 = 0;             //熄灭LED1
    P1_1 = 0;             //熄灭LED2

    while(1)//程序主循环
    {
        delay(1000);      //延时
```

```
        P1_0 = 1;       //点亮LED1
        delay(1000);    //延时
        P1_1 = 1;       //点亮LED2
        delay(1000);    //延时
        P1_0 = 0;       //熄灭LED1
        delay(1000);    //延时
        P1_1 = 0;       //熄灭LED2
    }
}
```

参照前面的任务，编译项目，将生成的程序烧写到CC2530中，观察实验板上LED1和LED2的流水灯效果。

任务拓展◀

（1）简单宏定义

在本任务程序的主函数中，直接使用端口名称来控制LED灯的亮/灭状态，如果LED与单片机的连接方式发生改变，如LED1连接到了P1_3口，则需要将程序中所有的P1_0修改成P1_3。这种编程方式给程序的可扩展性带来不利，可以使用宏定义的方法来解决这一问题。例如：

```
#define  LED1  (P1_0)    //LED1端口宏定义
#define  LED2  (P1_1)    //LED2端口宏定义
```

"#define"表示进行宏定义，比如"#define a (b)"。在程序进行编译时，编译器会将代码中所有出现的a用b来替换掉。括号不是必须的，但加括号可以避免出现某些运算方面的错误。

将以上内容添加到引用头文件之后，将程序中所有的P1_0和P1_1分别用LED1和LED2取代。

```
void main(void)
{
    P1SEL &= ~0x03;     //设置P1_0端口和P1_1端口为普通I/O端口
    P1DIR |= 0x03;      //设置P1_0端口和P1_1端口为输出端口

    LED1 = 0;           //熄灭LED1
    LED2 = 0;           //熄灭LED2

    while(1)//程序主循环
    {
        delay(1000);    //延时
        LED1 = 1;       //点亮LED1
        delay(1000);    //延时
```

```
        LED2 = 1;        //点亮LED2
        delay(1000);     //延时
        LED1 = 0;        //熄灭LED1
        delay(1000);     //延时
        LED2 = 0;        //熄灭LED2
    }
}
```

将程序重新编译和下载后，会发现执行效果没有任何不同，但程序变得更加容易理解。同时，如果电路连接发生改变，那么只需要修改初始化代码和宏定义的内容就能适应变化。

（2）LED控制拓展练习

编写程序控制实验板上的LED1和LED2的亮、灭状态，使它们以下述方式工作。

1）通电后LED1和LED2都点亮。

2）延时一段时间后LED2熄灭。

3）延时一段时间后LED1熄灭。

4）延时一段时间后LED1点亮。

5）延时一段时间后LED2点亮。

6）返回步骤2）循环执行。

扫码看视频

任务2　　　　按键控制LED

任务要求

使用实验板上的SW1按键控制LED1，每按下一次按键，LED1就切换一次亮/灭状态。

任务分析

任务要求使用SW1按键对LED1进行控制，首先需要知道SW1按键是如何连接到CC2530的，以及CC2530如何从I/O端口读取按键的状态。然后在编写的控制代码中判断按键的状态，如果SW1按键按下，则让LED1切换一次亮/灭状态。

建议学生带着以下问题去进行本任务的学习和实践。

● 如何将CC2530的I/O端口配置成输入端口？

● 按键如何为I/O端口提供输入信号？

● 如何判断按键的状态？

扫码看视频

必备知识

如果配置CC2530的I/O引脚为输入端口，则需要选择配置上拉、下拉和三态模式。

1．上拉和下拉

上拉是指单片机的引脚通过一个电阻连接到电源（高电平），当外界没有信号输入到引脚时，引脚被上拉电阻固定在高电平（逻辑值1）。本质上，上拉是对器件注入电流，CC2530复位后，各个I/O端口默认使用的就是上拉模式。

下拉是指单片机的引脚通过一个电阻连接到地（低电平），当外界没有信号输入到引脚时，引脚被下拉电阻固定在低电平（逻辑值0）。本质上，下拉是输出电流。

单片机的I/O引脚通过引脚上电平的高、低来判断输入信号是逻辑值1还是逻辑值0。接近电源电压值的电平信号被认为是逻辑值1，如3.0～3.3V的电压。接近0V电压的电平信号被认为是逻辑值0，如0～0.3V的电压。如果单片机的I/O引脚没有外接器件或者外接器件没有为单片机提供输入信号，那么单片机引脚上的电压就变得不确定，可能在0～3.3V范围内，单片机就无法正确判断引脚上的状态。所以，在实际应用中需要使用上拉或下拉来将单片机引脚上的电平固定到一个确定的值。注意，上、下拉用到的电阻一般为5～10kΩ的电阻。

2．三态

三态指其输出既可以是一般二值逻辑电路，即正常的高电平（逻辑1）或低电平（逻辑0），又可以保持特有的高阻态。

高阻态是数字电路里常用的术语，指的是电路的一种输出状态，既不是高电平也不是低电平，如果高阻态再输入下一级电路的话，对下级电路无任何影响，类似于引脚悬空，如果用万用表测的话有可能是高电平也有可能是低电平，由它后面接的电路来确定。其作用主要有节电、将引脚上的电流断开，避免其对系统上其他电路的不良影响。

3．CC2530 I/O端口的输入模式

CC2530的I/O端口作为通用I/O功能使用时，可以配置成输出方式或输入方式。输入方式用来从外界器件获取输入的电信号，当CC2530的I/O端口被配置成通用输入端口时，这些端口能够提供"上拉""下拉"和"高阻态"三种输入模式，可通过编程进行设置，以满足外接电路设计的要求。需要注意，P1_0和P1_1端口没有上拉/下拉功能，只能工作在高阻态模式。

CC2530的I/O引脚如果没有外接设备，应当将这些引脚配置成带上拉或下拉的通用输入方式，也可以配置成通用输出方式，不能让引脚悬空。如果I/O引脚连接了外部设备，且作为输入方式时外部设备能提供有效的电信号，则可选取上拉、下拉和高阻态中的任何一种模式来使用。

任务实施

1．电路分析

在实验板上，SW1按键与CC2530之间的连接如图2-4所示。

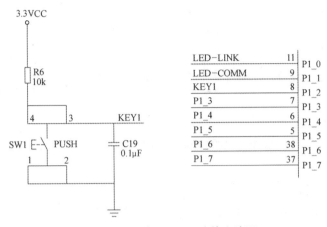

扫码看视频

图2-4　SW1与CC2530连接电路图

SW1按键的一侧（3号、4号引脚）通过一个上拉电阻连接到电源，同时连接到CC2530的P1_2引脚，另一侧（1号、2号引脚）连接到地。当按键没有按下时，由于上拉电阻的存在，CC2530的P1_2引脚相当于外接了一个上拉电阻，呈现高电平状态。当按键按下时，按键的4个引脚导通，CC2530的P1_2引脚相当于直接连接到地，呈现低电平状态。电容C19起到滤波作用，具有一定的消抖功能。

根据图2-4可知，当SW1按键按下时，程序从P1_2引脚读取的逻辑值是0，否则读取的值是1。

2．按键消抖

通常的按键所用的都是机械弹性开关，由于机械触点的弹性作用，一个按键开关在闭合时不会马上稳定地接通，在断开时也不会一下子断开，而是在闭合或断开的瞬间均伴随有一连串的抖动，如图2-5所示。

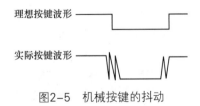

图2-5　机械按键的抖动

抖动时间的长短由按键的机械特性决定，一般为5～10ms，人按一下按键的时间一般为零点几秒至数秒。由于单片机运行速度快，按键的抖动会导致在一次按下过程中，单片机识别出多次按下和抬起，为避免这种情况，需要想办法消除按键抖动带来的影响。

按键消抖的方法有两种：硬件消抖和软件消抖。

硬件消抖是通过电路硬件设计的方法来过滤按键输出信号，将抖动信号过滤成理想信号后传输给单片机。

软件消抖是通过程序过滤的方法，在程序中检测到按键动作后，延时一会儿后再次检测按键状态，如果延时前后按键的状态一致，则说明按键是正常执行动作，否则认为是按键抖动。

3．代码设计

（1）建立工程

建立本任务的工程项目，在项目添加名为"code.c"的代码文件。

（2）编写代码

根据任务要求，可将整个程序的控制流程用图2-6表示。

1）编写基本代码。

① 在代码中引用"ioCC2530.h"头文件。

② 对LED1和SW1使用的I/O端口进行宏定义。

```
#define  LED1  (P1_0)  //LED1端口宏定义
#define  SW1   (P1_2)  //SW1端口宏定义
```

③ 因为按键软件消抖需要进行延时，可直接使用之前的延时函数delay函数。

2）编写初始化代码。

① 将P1_0和P1_2设置成通用I/O端口。

```
P1SEL &= ~0x05;    //设置P1_0端口和P1_2端口为通
```
用I/O端口

② 将P1_0设置成输出口，P1_2设置成输入口。

```
P1DIR |= 0x01;     //设置P1_0端口为输出端口
P1DIR &= ~0x04;    //设置P1_2端口为输入端口
```

③ 设置P1_2的输入模式。

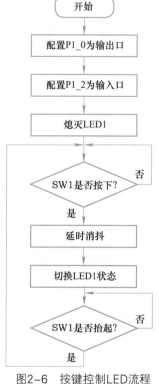

图2-6　按键控制LED流程

设置I/O端口的输入模式需要使用PxINP寄存器，其中P0INP寄存器和P1INP寄存器的定义一样，见表2-6。P2INP寄存器的定义是另外一种，见表2-7。

表2-6　P0INP和P1INP寄存器

位	位名称	复位值	操作	描述
7:0	MDPx_[7:0]	0x00	R/W	设置Px_7到Px_0端口的I/O端口输入模式 0：上拉或下拉 1：三态

该寄存器中某位设置成1时对应I/O端口使用三态模式，设置成0时对应I/O端口使用上拉或下拉。具体是上拉还是下拉，需要在P2INP寄存器中设置。

在P2INP寄存器中，低5位用来选择P2端口各位的输入模式，高3位分别为P0端口、P1端口和P2端口中的所有引脚选择是使用上拉还是下拉。

表2-7　P2INP寄存器

位	位名称	复位值	操作	描述
7	PDUP2	0	R/W	为端口P2所有引脚选择上拉或下拉 0：上拉 1：下拉
6	PDUP1	0	R/W	为端口P1所有引脚选择上拉或下拉 0：上拉 1：下拉
5	PDUP0	0	R/W	为端口P0所有引脚选择上拉或下拉 0：上拉 1：下拉
4:0	MDP2_[4:0]	0	R/W	设置P2_4到P2_0端口的I/O端口输入模式 0：上拉或下拉 1：三态

例如，将P1_2引脚设置成上拉模式，可以使用以下代码。

```
P1INP &= ~0x04;      //设置P1_2口为上拉或下拉
P2INP &= ~0x40;      //设置P1口所有引脚使用上拉
```

在本任务中，SW1按键与CC2530连接时已经外接了上拉电阻，在程序代码中可以设置P1_2使用上拉或三态模式。由于CC2530复位后，各个I/O端口默认使用的就是上拉模式，所以该部分代码也可以省略。

④ 将LED1熄灭。

3）编写主程序。

在程序主循环中，使用if语句判断SW1（P1_2）的值是否为0，如果为0则说明按键按下。接着进行延时和再次判断SW1的值是否为0，以便消除按键抖动。如果最终确定按键按下，则切换LED1的亮/灭状态。最后，为等待按键抬起，需再次对SW1的状态进行判断，如果SW1为0则说明按键还没松开，需要执行循环等待。程序主循环的参考代码如下：

```
while(1)//程序主循环
{
    if(SW1 == 0)        //如果按键被按下
    {
        delay(100);      //为消抖进行延时
        if(SW1 == 0)     //经过延时后按键仍旧处在按下状态
        {
            LED1 = ~LED1;  //反转LED1的亮灭状态
            while(!SW1);   //等待按键松开
        }
```

```
            }
    }
```

完整任务实现代码如下。

```c
#include "ioCC2530.h" //引用CC2530头文件

#define LED1 (P1_0)      //LED1端口宏定义
#define SW1  (P1_2)      //SW1端口宏定义

/***************************************************************
函数名称：delay
功能：软件延时
入口参数：time ——延时循环执行次数
出口参数：无
返回值：无
***************************************************************/
void delay(unsigned int time)
{
    unsigned int i;
    unsigned char j;
    for(i = 0;i <time;i++)
            for(j = 0;j < 240;j++)
                    {
                        asm("NOP");//asm用来在C代码中嵌入汇编语言操作
                        asm("NOP");//汇编命令nop是空操作，消耗1个指令周期。
                        asm("NOP");
                    }
}

/***************************************************************
函数名称：main
功能：程序主函数
入口参数：无
出口参数：无
返回值：无
***************************************************************/
void main(void)
{
    P1SEL &= ~0x05;      //设置P1_0端口和P1_2为通用I/O端口
    P1DIR |= 0x01;       //设置P1_0端口为输出端口
    P1DIR &= ~0x04;      //设置P1_2端口为输入端口

    P1INP &= ~0x04;      //设置P1_2端口为上拉或下拉
    P2INP &= ~0x40;      //设置P1端口所有引脚使用上拉
```

```
    LED1 = 0;            //熄灭LED1

    while(1)             //程序主循环
    {
        if(SW1 == 0)         //如果按键被按下
        {
            delay(100);      //为消抖进行延时
            if(SW1 == 0)     //经过延时后按键仍旧处在按下状态
            {
             LED1 = ~LED1;  //反转LED1的亮灭状态
             while(!SW1);   //等待按键松开
            }
        }
    }
}
```

编译项目，将生成的程序烧写到CC2530中，使用实验板上的SW1按键控制LED1的亮/灭。

任务拓展 ◀

（1）拓展练习1

结合本学习单元两个任务所学的内容，使用按键控制LED1和LED2的流水灯效果，具体要求如下：

1）系统复位后LED1和LED2以流水灯方式进行工作。

2）当按下SW1按键时，流水灯暂停运行，保持按键按下时的状态。

3）当松开SW1按键后，流水灯继续之前的运行。

提示：可以在延时函数中添加代码，使SW1按键按下时执行循环，等待SW1松开。

（2）拓展练习2

使用按键控制LED1的闪烁效果，具体要求如下：

1）系统复位后LED1熄灭。

2）按下一次SW1按键后，LED1开始闪烁。

3）再按下一次SW1按键后，LED1停止闪烁并熄灭。

提示：可定义一个标志位变量，用SW1按键来改变该标志位变量的值。对标志位变量的值进行判断，当其为1时，LED1能够闪烁。当其为0时，LED1停止闪烁并熄灭。

单元总结

1）CC2530单片机具有21个数字I/O端口，分为P0、P1两个完全8位端口和具有5位的

P2端口。

2）CC2530单片机的I/O端口根据实际需要，可配置成通用I/O端口、外设I/O端口和外部中断输入口。

3）当CC2530单片机的I/O端口作为通用输入口时，有上拉、下拉和三态3种不同的模式可供配置，需要根据实际情况进行选择。P1_0口和P1_1口不支持上拉、下拉模式。

4）使用特殊功能寄存器能够控制单片机内部器件的工作，能够获取单片机内部器件的状态，能够为单片机内部器件提供数据。

5）对单片机内部器件的操作本质是对相关特殊功能寄存器进行读/写操作。

6）在使用单片机驱动外界器件时，需要注意驱动电流的大小。

7）使用宏定义可以提高代码的可读写和可维护性。

8）机械按键动作时存在抖动，会影响单片机对按键状态的判断，需要进行消抖，有硬件消抖和软件消抖两种方法。

9）要将CC2530单片机的I/O端口作为通用I/O来使用，需要配置相关特殊功能寄存器来为其设定工作方式、传输方向，如果用作输入还要根据需要配置输入模式。

习题

1）CC2530单片机有多少个数字I/O引脚？是如何划分的？

2）CC2530单片机的I/O引脚有哪些特性？

3）特殊功能寄存器对单片机有什么含义？

4）使用CC2530单片机的I/O端口实现通用I/O功能需要用到哪些特殊功能寄存器？

5）宏定义的作用是什么？

6）什么是上拉、下拉？它们的作用是什么？

7）为什么要进行按键消抖？如何实现软件消抖？

UNIT 3

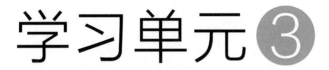

学习单元③

外部中断应用

单元概述

    本学习单元的主要学习内容是CC2530单片机外部中断的使用方法，通过任务来学习单片机中断的基本知识、CC2530中断系统结构、中断源以及外部中断的使用方法。

学习目标

知识目标：

    理解单片机中断的概念和作用。

    理解中断源的概念。

    了解中断的处理过程。

    掌握CC2530外部中断的配置方法。

    掌握中断处理函数的编写方法。

技能目标：

    能够根据实际需要将CC2530的I/O端口配置成外部中断输入功能。

    能够编写外部中断的中断处理函数。

素质目标：

    具备开阔、灵活的思维能力。

    具备积极、主动的探索精神。

    具备严谨、细致的工作态度。

任务	实现按键控制跑马灯的启停

任务要求

在学习单元2任务1"实现流水灯效果"的基础上，使用SW1按键作为外部中断输入来控制流水灯效果的启停，即实验板通电后两个发光二极管以下述方式工作：

① 通电后LED1和LED2都熄灭。

② 延时一段时间后LED1点亮。

③ 延时一段时间后LED2点亮，此时LED1和LED2都处在点亮状态。

④ 延时一段时间后LED1熄灭。

⑤ 延时一段时间后LED2熄灭，此时LED1和LED2都处在熄灭状态。

⑥ 返回步骤②循环执行。

⑦ 在任何时间，当按下一次SW1按键后，便暂停流水灯效果，即两个LED灯保持SW1按键按下时的亮/灭状态。直到再按下一次SW1按键后，流水灯效果从暂停状态继续执行。

任务分析

本任务在学习单元2任务1的基础上增加了按键控制，类似于学习单元2任务2中的拓展练习2，但要求使用外部中断方式进行控制。所以需要知道什么是外部中断以及如何使用CC2530的外部中断才能完成该任务。

建议学生带着以下问题去进行本任务的学习和实践。

● 什么是中断？

● 什么是外部中断？

● 如何使用CC2530的外部中断功能？

必备知识

扫码看视频

1. 中断介绍

（1）中断的概念

"中断"即打断，是指CPU在执行当前程序时，由于系统中出现了某种急需处理的情况，CPU暂停正在执行的程序，转而去执行另一段特殊程序来处理出现的紧急事务，处理结束后CPU自动返回到原来暂停的程序中去继续执行。这种程序在执行过程中由于外界的原因而被中间打断的情况称为中断。

（2）中断的作用

中断使得计算机系统具备应对突发事件能力，提高了CPU的工作效率。如果没有中断系统，则CPU就只能按照程序编写的先后顺序，对各个外设进行依次查询和处理，即轮询工作方式。轮询工作方式看似公平，但实际工作效率却很低，且不能及时响应紧急事件。

采用中断技术后，可以为计算机系统带来以下好处。

1）实现分时操作。速度较快的CPU和速度较慢的外设可以各做各的事情，外设可以在完成工作后再与CPU进行交互，而不需要CPU等待外设完成工作，能够有效提高CPU的工作效率。

2）实现实时处理。在控制过程中，CPU能够根据当时情况及时做出反应，实现实时控制的要求。

3）实现异常处理。系统在运行过程中往往会出现一些异常情况，中断系统能够保证CPU及时知道出现的异常，以便CPU去解决这些异常，避免整个系统出现大的问题。

（3）中断系统中的相关概念

在中断系统的工作过程中，还有以下几个与中断相关的概念需要了解。

1）主程序。在发生中断前，CPU正常执行的处理程序。

2）中断源。引起中断的原因，或是发出中断申请的来源。单片机一般具有多个中断源，如外部中断、定时/计数器中断或ADC中断等。

3）中断请求。中断源要求CPU提供服务的请求。例如，ADC中断在进行ADC转换结束后，会向CPU提出中断请求，要求CPU读取A-D转换结果。中断源会使用某些特殊功能寄存器中的位来表示是否有中断请求，这些特殊位叫作中断标志位，当有中断请求出现时，对应标志位会被置位。

4）断点。CPU响应中断后主程序被打断的位置。当CPU处理完中断事件后，会返回到断点位置继续执行主程序。

5）中断服务函数。CPU响应中断后所执行的相应处理程序。例如，ADC转换完成中断被响应后，CPU执行相应的中断服务函数，该函数实现的功能一般是从ADC结果寄存器中取走并使用转换好的数据。

6）中断向量。中断服务程序的入口地址，当CPU响应中断请求时，会跳转到该地址执行代码。

（4）中断嵌套和中断优先级

当有多个中断源向CPU提出中断请求时，中断系统采用中断嵌套的方式来依次处理各个中断源的中断请求，如图3-1所示。

在中断嵌套过程中，CPU通过中断源的中断优先级来判断优先为哪个中断源服务。中断优先级高的中断源可以打断优先级低的中断源的处理过程，而同级别或低级别的中断源请求不会打断正在处理的中断服务函数，要等到CPU处理完当前的中断请求，才能继续响应后续中断请求。为便于灵活运用，单片机各个中断源的优先级通常是可以通过编程设定的。

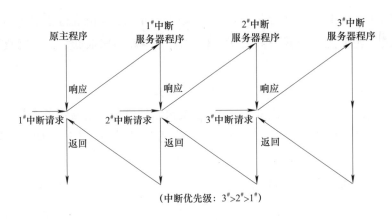

图3-1 中断嵌套

（5）单片机中断的类型

单片机中断分为内部中断和外部中断两类。

外部中断由单片机的外部设备产生，中断产生后通过单片机的外部引脚传递给单片机，传递这个中断信号最简单的方法是：规定单片机的引脚在什么状态下有外部中断产生，在I/O端口为输入状态时可以用来检测外部中断信号。外部中断产生的条件通常有5种：I/O端口输入为高、I/O端口输入为低、I/O端口输入由高变为低、I/O端口输入由低变为高、I/O端口输入由高变低或者由低变高。最常见的外部中断有按键中断等。外部中断触发还有一些特殊方式，比如，外部脉冲宽度测量、外部脉冲计数等，这些方式都是在前面几种基本触发方式上进行功能扩展得来的。

内部中断是指单片机内部的功能模块产生中断信号，只要是单片机内部在CPU外围能独立工作的功能模块都会提供中断功能，常见的内部中断类型有时钟 Timer、串口UART、模数转换ADC等。内部中断的工作流程和外部中断没太多区别，只是中断请求信号是在单片机内部进行传输，中断信号不是引脚上的电平状态，而是一个寄存器里面的相应标志位，通常当某个内部中断产生中断请求时就会将相应标志位置1，CPU响应中断时将这个标志位清0。内部中断的流程如图3-2所示。

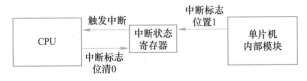

图3-2 内部中断流程

2．CC2530的中断系统

（1）CC2530的中断源

CC2530具有18个中断源，每个中断源都由各自的一系列特殊功能寄存器来进行控制。18个中断源的描述见表3-1。

表3-1　CC2530中断源

中断号	中断名称	描述	中断向量
0	RFERR	RF发送完成或接收完成	03H
1	ADC	ADC转换结束	0BH
2	URX0	USART0接收完成	13H
3	URX1	USART1接收完成	1BH
4	ENC	AES加密/解密完成	23H
5	ST	睡眠计时器比较	2BH
6	P2INT	I/O端口2外部中断	33H
7	UTX0	USART0发送完成	3BH
8	DMA	DMA传输完成	43H
9	T1	定时器1捕获/比较/溢出	4BH
10	T2	定时器2中断	53H
11	T3	定时器3捕获/比较/溢出	5BH
12	T4	定时器4捕获/比较/溢出	63H
13	P0INT	I/O端口0外部中断	6BH
14	UTX1	USART1发送完成	73H
15	P1INT	I/O端口1外部中断	7BH
16	RF	RF通用中断	83H
17	WDT	看门狗计时溢出	8BH

18个中断可以根据需要来决定是否让CPU对其进行响应，只需要编程设置相关特殊功能寄存器便可，在后续学习过程中会逐步接触各个中断源的使用方法。

（2）CC2530中断源的优先级

CC2530将18个中断源划分成6个中断优先级组IPG0～IPG5，每组包含3个中断源，见表3-2。

表3-2　CC2530中断源优先级分组

组	中断源		
IPG0	RFERR	RF	DMA
IPG1	ADC	T1	P2INT
IPG2	URX0	T2	UTX0
IPG3	URX1	T3	UTX1
IPG4	ENC	T4	P1INT
IPG5	ST	P0INT	WDT

6个中断优先级组可以分别被设置成0～3级，即由用户指定中断优先级，其中0级属于最低优先级，3级为最高优先级。

同时，为保证中断系统正常工作，CC2530的中断系统还存在自然优先级，即：

1）如果多个组被设置成相同级别，则组号小的要比组号大的优先级高。

2）同一组中所包含的3个中断源，最左侧的优先级最高，最右侧的优先级最低。

要将6个中断优先级组设置成不同优先级别，使用的是IP0和IP1两个寄存器，两个寄存器的定义见表3-3。要为优先级组设置优先级别，可参照表3-4来分别配置IP0和IP1。

表3-3   IPx寄存器

位	位名称	复位值	操作	描述
7:6	--	00	R/W	不使用
5	IPx_IPG5	0	R/W	中断第5组的优先级控制位
4	IPx_IPG4	0	R/W	中断第4组的优先级控制位
3	IPx_IPG3	0	R/W	中断第3组的优先级控制位
2	IPx_IPG2	0	R/W	中断第2组的优先级控制位
1	IPx_IPG1	0	R/W	中断第1组的优先级控制位
0	IPx_IPG0	0	R/W	中断第0组的优先级控制位

表3-4   优先级设置

IP1_x	IP0_x	优先级
0	0	0—最低级别
0	1	1
1	0	2
1	1	3—最高级别

例如，要设置的中断源优先级为P0INT > P1INT > P2INT，则可以使用以下代码实现。

```
IP1 = 0x30;    //IPG5级别为3，IPG4级别为2，IPG1级别为1，其他
IP0 = 0x22;    //组级别为0。
```

 任务实施

建立本任务的工程项目，从学习单元2任务1中复制"code.c"文件添加到当前项目中。

1. 初始化外部中断

外部中断，即从单片机的I/O口向单片机输入电平信号，当输入电平信号的改变符合设置的触发条件时，中断系统便会向CPU提出中断请求。使用外部中断可以方便地监测单片机外接器件的状态或请求。例如，按键按下、信号出现或通信请求等。

CC2530的P0、P1和P2端口中的每个引脚都具有外部中断输入功能，要配置某些引脚具有外部中断功能一般遵循如图3-3所示的操作步骤。

（1）使能端口组中断功能

CC2530中的每个中断源都有一个中断功能开关，要使用某个中断源的中断功能，必须要使能其中断功能。要使能

图3-3   CC2530外部中断配置流程

P0、P1或P2端口上的外部中断功能，需要通过IEN1和IEN2特殊功能寄存器，两个寄存器的描述见表3-5和表3-6。

表3-5　IEN1寄存器

位	位名称	复位值	操作	描述
7:6	—	00	R0	不使用，读为0
5	P0IE	0	R/W	端口0中断使能 0：中断禁止 1：中断使能
4	T4IE	0	R/W	定时器4中断使能 0：中断禁止 1：中断使能
3	T3IE	0	R/W	定时器3中断使能 0：中断禁止 1：中断使能
2	T2IE	0	R/W	定时器2中断使能 0：中断禁止 1：中断使能
1	T1IE	0	R/W	定时器1中断使能 0：中断禁止 1：中断使能
0	DMAIE	0	R/W	DMA传输中断使能 0：中断禁止 1：中断使能

表3-6　IEN2寄存器

位	位名称	复位值	操作	描述
7:6	––	00	R0	不使用，读为0
5	WDTIE	0	R/W	看门狗定时器中断使能 0：中断禁止 1：中断使能
4	P1IE	0	R/W	端口1中断使能 0：中断禁止 1：中断使能
3	UTX1IE	0	R/W	USART1发送中断使能 0：中断禁止 1：中断使能
2	UTX0IE	0	R/W	USART0发送中断使能 0：中断禁止 1：中断使能
1	P2IE	0	R/W	端口2中断使能 0：中断禁止 1：中断使能
0	RFIE	0	R/W	RF一般中断使能 0：中断禁止 1：中断使能

CC2530单片机技术与应用　第2版

本任务使用的SW1按键连接在P1_2端口，需要使能P1端口中断功能，将IEN2寄存器中的P1IE设置成1：

```
IEN2 |= 0x10;                //使能P1端口中断
```

（2）端口中断屏蔽

扫码看视频

使能端口组的中断功能后，还需要设置当前端口组中具体哪几个端口具有外部中断功能，将不需要使用外部中断的端口屏蔽掉。屏蔽I/O口中断使用PxIEN寄存器，P0IEN寄存器和P1IEN寄存器描述见表3-7。P2IEN寄存器描述见表3-8。

表3-7　P0IEN寄存器和P1IEN寄存器

位	位名称	复位值	操作	描述
7:0	Px_[7:0]IEN	0x00	R/W	端口Px_7到Px_0中断使能 0：中断禁止 1：中断使能

表3-8　P2IEN寄存器

位	位名称	复位值	操作	描述
7:6	--	00	R/W	未使用
5	DPIEN	0	R/W	USB D+中断使能
4:0	P2_[4:0]IEN	0 0000	R/W	端口P2_4到P2_0中断使能 0：中断禁止 1：中断使能

使能P1_2端口中断，需将P1IEN寄存器的第2位置1：

```
P1IEN |= 0x04;              //使能P1_2口中断
```

（3）设置中断触发方式

触发方式，即输入到I/O口信号满足什么样的信号变化形式才会引起中断请求，单片机中常见的触发类型有电平触发和边沿触发两类。

1）电平触发。

高电平触发——输入信号为高电平时会引起中断请求。

低电平触发——输入信号为低电平时会引起中断请求。

电平触发引起的中断，在中断处理完成后，如果输入电平仍旧保持有效状态，则会再次引发中断请求，适用于连续信号检测，如外接设备故障信号检测。

2）边沿触发。

上升沿触发——输入信号出现由低电平到高电平的跳变时会引起中断请求。

下降沿触发——输入信号出现由高电平到低电平的跳变时会引起中断请求。

边沿触发方式只在信号发生跳变时才会引起中断，是常用的外部中断触发方式，适用于突发信号检测，如按键检测。

CC2530的I/O口提供了上升沿触发和下降沿触发两种外部触发方式，使用PICTL寄存器进行选择，该寄存器描述见表3-9。

— 44 —

表3-9　PICTL寄存器

位	位名称	复位值	操作	描述
7	PADSC	0	R/W	控制I/O引脚输出模式下的驱动能力
6:4	--	000	R0	未使用
3	P2ICON	0	R/W	P2_4到P2_0中断触发方式选择 0：上升沿触发 1：下降沿触发
2	P1ICONH	0	R/W	P1_7到P1_4中断触发方式选择 0：上升沿触发 1：下降沿触发
1	P1ICONL	0	R/W	P1_3到P1_0中断触发方式选择 0：上升沿触发 1：下降沿触发
0	P0ICONL	0	R/W	P0_7到P0_0中断触发方式选择 0：上升沿触发 1：下降沿触发

　　本任务要求按键按下一次后执行暂停或继续流水灯显示，SW1在按下过程中电信号产生下降沿跳变，松开过程中电信号产生上升沿跳变。由于要求流水灯保存按键按下时的状态，故应选择将P1_2端口设置为下降沿触发方式：

```
PICTL |= 0x02;          //P1_3到P1_0口下降沿触发中断
```

　　（4）设置外部中断优先级

　　本任务中只用到一个中断，可不进行优先级的设置。在实际应用中，如果系统中使用到多个中断源，应根据其重要程度分别设置好中断优先级。

　　（5）使能系统总中断

　　除了各个中断源有自己的中断开关，中断系统还有一个总开关。如果说各个中断源的开关相当于楼层各个房间的电闸，则中断总开关相当于楼宇的总电闸。中断总开关控制位是EA位。在IEN0寄存器中，见表3-10。

表3-10　IEN0寄存器

位	位名称	复位值	操作	描述
7	EA	0	R/W	中断系统使能控制位 0：禁止所有中断 1：允许中断功能，但究竟哪些中断被允许还要看各中断源自身的使能控制位设置
6	--	0	R0	未使用
5	STIE	0	R/W	睡眠定时器中断使能 0：中断禁止 1：中断使能
4	ENCIE	0	R/W	AES加密/解密中断使能 0：中断禁止 1：中断使能

（续）

位	位名称	复位值	操作	描述
3	URX1IE	0	R/W	USART1接收中断使能 0：中断禁止 1：中断使能
2	URX0IE	0	R/W	USART0接收中断使能 0：中断禁止 1：中断使能
1	ADCIE	0	R/W	ADC中断使能 0：中断禁止 1：中断使能
0	RFERRIE	0	R/W	RF发送/接收中断使能 0：中断禁止 1：中断使能

IEN0寄存器可以进行位寻址，因此要使能总中断，可以直接采用如下方法：

```
EA = 1;                    //使能总中断
```

（6）执行主程序

将P1_2端口中断初始化代码放置到主函数中的相应位置后，程序主函数变为：

```
/*******************************************************
函数名称：main
功能：程序主函数
入口参数：无
出口参数：无
返回值：无
*******************************************************/
void main(void)
{
    P1SEL &= ~0x03;          //设置P1_0端口和P1_1端口为普通I/O口
    P1DIR |= 0x03;           //设置P1_0端口和P1_1端口为输出口

    LED1 = 0;                //熄灭LED1
    LED2 = 0;                //熄灭LED2

    /***********新增外部中断初始化部分***************/
    IEN2 |= 0x10;            //使能P1端口中断
    P1IEN |= 0x04;           //使能P1_2端口中断
    PICTL |= 0x02;           //P1_3到P1_0端口下降沿触发中断
    EA = 1;                  //使能总中断
    /*******************************************/

    while(1)//程序主循环
    {
        delay(1000);         //延时
        LED1 = 1;            //点亮LED1
        delay(1000);         //延时
```

```
        LED2 = 1;              //点亮LED2
        delay(1000);           //延时
        LED1 = 0;              //熄灭LED1
        delay(1000);           //延时
        LED2 = 0;              //熄灭LED2
    }
}
```

扫码看视频

2. 编写中断服务函数

CPU在响应中断后，会中断正在执行的主程序代码，转而去执行相应的中断服务函数。因此，要使用中断功能还必须编写中断服务函数。

（1）中断服务函数的编写格式

中断服务函数与一般自定义函数不同，在IAR编程环境中有特定的书写格式。中断服务函数的函数体写法如下：

```
#pragma vector = <中断向量>
__interrupt void <函数名称>(void)
{
    /*此处编写中断处理程序*/
}
```

在每一个中断服务函数之前，都要加上一行起始语句。

```
#pragma vector =<中断向量>
```

<中断向量>表示接下来要写的中断服务函数是为哪个中断源进行服务的。该语句有两种写法，比如为任务所需的P1端口中断编写中断服务函数时：

```
#pragma vector= 0x7B或#pragma vector = P1INT_VECTOR
```

前者是将<中断向量>用表3-1中的具体值表示，后者是将<中断向量>用单片机头文件中的宏定义表示。

要查看单片机头文件中有关中断向量的宏定义，可打开"ioCC2530.h"头文件，查找到"Interrupt Vectors"部分，便可以看到18个中断源所对应的中断向量宏定义，如图3-4所示。

```
/* ------------------------------------------------------------
 *                      Interrupt Vectors
 * ------------------------------------------------------------
 */
#define  RFERR_VECTOR    VECT(  0, 0x03 )   /*  RF TX FIFO Underflow and RX FIFO Overflow  */
#define  ADC_VECTOR      VECT(  1, 0x0B )   /*  ADC End of Conversion                      */
#define  URX0_VECTOR     VECT(  2, 0x13 )   /*  USART0 RX Complete                         */
#define  URX1_VECTOR     VECT(  3, 0x1B )   /*  USART1 RX Complete                         */
#define  ENC_VECTOR      VECT(  4, 0x23 )   /*  AES Encryption/Decryption Complete         */
#define  ST_VECTOR       VECT(  5, 0x2B )   /*  Sleep Timer Compare                        */
#define  P2INT_VECTOR    VECT(  6, 0x33 )   /*  Port 2 Inputs                              */
#define  UTX0_VECTOR     VECT(  7, 0x3B )   /*  USART0 TX Complete                         */
#define  DMA_VECTOR      VECT(  8, 0x43 )   /*  DMA Transfer Complete                      */
#define  T1_VECTOR       VECT(  9, 0x4B )   /*  Timer 1 (16-bit) Capture/Compare/Overflow  */
#define  T2_VECTOR       VECT( 10, 0x53 )   /*  Timer 2 (MAC Timer)                        */
#define  T3_VECTOR       VECT( 11, 0x5B )   /*  Timer 3 (8-bit) Capture/Compare/Overflow   */
#define  T4_VECTOR       VECT( 12, 0x63 )   /*  Timer 4 (8-bit) Capture/Compare/Overflow   */
#define  P0INT_VECTOR    VECT( 13, 0x6B )   /*  Port 0 Inputs                              */
#define  UTX1_VECTOR     VECT( 14, 0x73 )   /*  USART1 TX Complete                         */
#define  P1INT_VECTOR    VECT( 15, 0x7B )   /*  Port 1 Inputs                              */
#define  RF_VECTOR       VECT( 16, 0x83 )   /*  RF General Interrupts                      */
#define  WDT_VECTOR      VECT( 17, 0x8B )   /*  Watchdog Overflow in Timer Mode            */
```

图3-4 "ioCC2530.h"头文件中的中断向量宏定义

__interrupt表示该函数是一个中断服务函数，<函数名称>可以任意命名，函数体不能带参数或有返回值。注意：__interrupt前面的"__"是由两个短下划线构成的。

（2）识别触发外部中断的端口

P0、P1和P2端口分别使用P0IF、P1IF和P2IF作为中断标志位，任何一个端口组上的I/O端口产生外部中断时，会将对应端口组的外部中断标志位自动置位。例如，本任务中当SW1按下后，P1IF的值会变成1，此时CPU将进入P1端口中断服务函数中去处理事件。外部中断标志位不能自动复位，因此必须在中断服务函数中手工清除该中断标志位，否则CPU将反复进入中断过程中。清除P1端口外部中断标志位的方法如下：

```
P1IF = 0;              //清除P1端口中断标志位
```

通过前面介绍可以知道，外部中断服务程序是为某一个端口组上的所有端口提供服务的，假如在P1_2端口和P1_3端口上都接有按键，它们动作时触发的都是P1端口中断，CPU会跳转到同一个中断服务程序运行。因此，在实际应用中需要在中断服务程序中判断究竟是端口组中的哪一个端口触发了中断过程。

CC2530中有3个端口状态标志寄存器P0IFG、P1IFG和P2IFG，分别对应P0、P1和P2端口各位的中断触发状态。当被配置成外部中断的某个I/O端口触发中断请求时，对应标志位会被自动置位，在进行中断处理时可以通过判断相应寄存器的值来确定是哪个端口引起的中断。P0IFG寄存器和P1IFG寄存器的描述见表3-11，P2IFG寄存器的描述见表3-12。

表3-11　P0IFG寄存器和P1IFG寄存器

位	位名称	复位值	操作	描述
7:0	PxIF[7:0]	0x00	R/W0	端口Px_7到Px_0的中断状态标志，当输入端口有未响应的中断请求时，相应标志位置1。需要软件复位

表3-12　P2IFG寄存器

位	位名称	复位值	操作	描述
7:6	--	00	R0	未使用
5	DPIF	0	R/W0	USB D+中断标志位
4:0	P2IF[4:0]	0 0000	R/W0	端口P2_4到P2_0的中断状态标志，当输入端口有未响应的中断请求时，相应标志位置1。需要软件复位

在外部中断服务函数中，也应将触发中断的相应外部中断标志位状态采用编程方式清零。

识别P1_2端口上按键中断的方法如下：

```
if(P1IFG & 0x04)           //如果P1_2端口中断标志位置位
{
    while(P1_2 == 1);      //消除抖动
    delay(100);
```

```
        while(P1_2 == 1);
        /**此处填写按键功能代码**/
        P1IFG &=~ 0x04;     //清除P1_2端口中断标志位
    }
```

（3）实现流水灯启停功能

根据任务要求，为产生暂停的效果，可以在整个程序中定义一个全局标变量作为流水灯运行的标志位，如：

```
unsigned char flag_Pause=0; //流水灯运行标志位，为1暂停，为0运行。
```

将此标志位放到延时函数delay()中，使用"while(flag_Pause);"语句判断flag_Pause的值，当其为1时while语句会进行循环执行，起到暂停的效果。修改后的延时函数如下：

```
/************************************************************
函数名称：delay
功能：软件延时
入口参数：time——延时循环执行次数
出口参数：无
返回值：无
************************************************************/
void delay(unsigned int time)
{
    unsigned int i;
    unsigned char j;
    for(i = 0;i <time;i++)
        for(j = 0;j < 240;j++)
        {
                asm("NOP");//asm用来在C代码中嵌入汇编语言操作，汇
                asm("NOP");//编命令nop是空操作，消耗1个指令周期。
                asm("NOP");
                while(flag_Pause);//根据flag_Pause的值确定是否在此循环
        }
}
```

最后，在外部中断服务函数中的P1_2端口识别代码中，修改flag_Pause标志位的值即可实现任务的功能。完整的P1端口外部中断服务函数如下：

```
/************************************************************
函数名称：P1_INT
功能：P1口外部中断服务函数
入口参数：无
出口参数：无
返回值：无
************************************************************/
#pragma  vector = P1INT_VECTOR
__interrupt void P1_INT(void)
```

```
    {
        if(P1IFG & 0x04)            //如果P1_2端口中断标志位置位
        {
            if(flag_Pause == 0)
            {
                    flag_Pause = 1;
            }
            else
            {
                    flag_Pause = 0;
            }
             P1IFG &=~ 0x04;       //清除P1_2端口中断标志位
        }
        P1IF = 0;                   //清除P1端口中断标志位
    }
```

编译并生成目标代码，下载到实验板上运行，操作SW1按键，观察中断方式下流水灯的控制。

任务拓展

（1）拓展练习1

利用中断控制方式，使用SW1按键控制LED1的亮/灭状态，具体要求如下：

① 系统上电后LED1熄灭。

② 每次按下一次SW1按键并松开时，LED1切换自身的亮/灭状态。

提示：该练习相对简单，只需在按键中断服务函数中切换LED1所连接端口的输出状态即可，练习完毕后可思考该控制方式与学习单元2任务2中实现的控制方式有哪些区别和优点。

（2）拓展练习2

使用中断方式，用SW1按键控制LED1和LED2的显示效果，具体要求如下：

① 系统上电后LED1和LED2全部熄灭。

② 第一次按下SW1按键后，LED1点亮。

③ 第二次按下SW1按键后，LED2点亮。

④ 第三次按下SW1按键后，LED2熄灭。

⑤ 第四次按下SW1按键后，LED1熄灭。

⑥ 四次按键过程后，从要求②开始进入新的控制周期。

提示：可定义一个标志位变量，在中断服务函数中改变该标志位变量的值，然后根据具体的值来更改两个LED灯的亮/灭状态。

（3）拓展练习3

使用中断方式，用SW1按键控制LED1的亮/灭状态，具体要求如下：

① 系统上电后，LED1熄灭。

② 按下3次SW1按键后，LED1点亮。

③ 再按下5次SW1按键后，LED1熄灭。

④ 返回要求②进入新的控制周期。

单元总结

1）中断是指当出现特殊情况需要CPU处理时，CPU暂停当前正在运行的主程序，转而去执行另一段专门的事件处理代码，当完成事件处理后，CPU返回之前暂停的主程序去继续执行。

2）中断技术的引入，提高了CPU的使用效率，也能使CPU及时响应紧急事务。

3）引起中断的原因或是发出中断申请的来源叫作中断源。CC2530共有18个中断源。

4）中断服务函数是为处理中断源请求而编写的一段特殊代码。与一般函数写法不同，中断服务函数不能传递参数和返回值，要以"__interrupt"作为函数定义的前缀，且在IAR开发环境中要在函数之前使用"#pragma vector = <中断向量>"指明函数所指向的中断向量。

5）CPU在某一时刻只能处理一件事情，为满足多个中断源的中断请求，中断系统采用中断嵌套和中断优先级来管理中断处理过程。高优先级中断能打断低优先级中断处理过程。

6）CC2530的18个中断源以每3个为一组，共分为6组，可为每组单独设定中断优先级，共有4级可以选择。属于同级的中断源，还存在自然优先级。

7）CC2530的I/O口都能配置成外部中断功能，提供了上升沿触发和下降沿触发两种触发方式。

8）要使用中断功能，必须使能中断总开关EA，同时使能各个中断源的自身控制开关。

9）当某个中断源向CPU提出中断请求时，会将自身的中断标志位自动置位。对于外部中断来说，需要在中断服务函数中手工清除中断标志位，以免CPU重复响应中断请求。

10）在外部中断中，可根据外部中断状态寄存器来判断引起中断的具体引脚是哪一个，同时也应在中断服务函数中清除相应的标志位。

习题

扫码看视频

1）外部中断有哪些触发方式？这些触发方式适用于什么情况？

2）外部中断初始化的流程是什么？

3）在IAR开发环境下如何编写中断服务函数？

4）中断标志位的作用是什么？为什么要手工清除外部中断标志位？

5）如何判断CC2530外部中断是由哪个I/O端口输入引起的？

UNIT 4

学习单元 ④

定时/计数器应用

单元概述

　　本学习单元的主要学习内容是CC2530单片机内部定时/计数器的使用方法，通过任务来学习单片机定时/计数器的概念、作用和使用方法。CC2530内部包含了16位定时/计数器、8位定时/计数器和睡眠定时器，每种定时/计数器的功能虽有差别，但使用方法具有一定的相似性，因此主要以16位定时/计数器作为学习对象。

学习目标

知识目标：

　　掌握定时/计数器的概念和作用。

　　了解定时/计数器的工作原理。

　　了解CC2530中定时/计数器的类型及功能。

　　掌握CC2530定时/计数器的使用方法。

　　掌握CC2530定时/计数器的中断应用方法。

技能目标：

　　能够使用CC2530定时/计数器进行定时或计数。

素质目标：

　　具备开阔、灵活的思维能力。

　　具备积极、主动的探索精神。

　　具备严谨、细致的工作态度。

| 任务 | 实现发光二极管的周期性闪烁 |

任务要求

使用CC2530单片机内部定时/计数器来控制LED1进行周期性闪烁，具体闪烁效果要求如下：

① 通电后LED1每隔2s闪烁一次。

② LED1每次闪烁点亮时间为0.5s。

任务分析

本任务要求LED1周期性闪烁，对闪烁周期和LED点亮时间进行了指定，需要使用定时/计数器才能达到较为精准的时间控制。CC2530内部含有多个定时/计数器，其中定时/计数器1功能最为全面，可使用此定时/计数器来完成任务。

建议学生带着以下问题去进行本任务的学习和实践。

● 什么是定时/计数器？

● 定时/计数器是如何工作的？

● CC2530包含有哪些定时/计数器？

● 如何使用CC2530中的定时/计数器？

任务分析

1. 定时/计数器介绍

（1）定时/计数器的概念

扫码看视频

定时/计数器是一种能够对时钟信号或外部输入信号进行计数，当计数值达到设定要求时便向CPU提出处理请求，从而实现定时或计数功能的外设。在单片机中，一般使用Timer表示定时/计数器。

（2）定时/计数器的作用

定时/计数器的基本功能是实现定时和计数，且在整个工作过程中不需要CPU进行过多参与，它的出现将CPU从相关任务中解放出来，提高了CPU的使用效率。例如，之前实现LED灯闪烁时采用的是软件延时方法，在延时过程中CPU通过执行循环指令来消耗时间，在整个延时过程中会一直占用CPU，降低了CPU的工作效率。若使用定时/计数器来实现延时，则在延时过程中CPU可以去执行其他工作任务。CPU与定时/计数器之间的交互关系可用图4-1来进行表示。

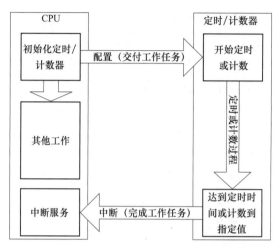

图4-1　CPU与定时/计数器交互

单片机中的定时/计数器一般具有以下功能：

1）定时器功能。对规定时间间隔的输入信号的个数进行计数，当计数值达到指定值时，说明定时时间已到。这是定时/计数器的常用功能，可用来实现延时或定时控制，其输入信号一般使用单片机内部的时钟信号。

2）计数器功能。对任意时间间隔的输入信号的个数进行计数。一般用来对外界事件进行计数，其输入信号一般来自单片机外部开关型传感器，可用于生产线产品计数、信号数量统计和转速测量等方面。

3）捕获功能。对规定时间间隔的输入信号的个数进行计数，当外界输入有效信号时，捕获计数器的计数值。通常用来测量外界输入脉冲的脉宽或频率，需要在外界输入信号的上升沿和下降沿进行两次捕获，通过计算两次捕获值的差值可以计算出脉宽或周期等信息。

4）比较功能。当计数值与需要进行比较的值相同时，向CPU提出中断请求或改变I/O端口输出电平等操作。一般用于控制信号输出。

5）PWM输出功能。对规定时间间隔的输入信号的个数进行计数，根据设定的周期和占空比从I/O端口输出控制信号。一般用来控制LED灯亮度或电动机转速。

（3）定时/计数器基本工作原理

无论使用定时/计数器的哪种功能，其最基本的工作原理是进行计数。定时/计数器的核心是一个计数器，可以进行加1（或减1）计数，每出现一个计数信号，计数器就自动加1（或自动减1），当计数值从最大值变成0（或从0变成最大值）溢出时定时/计数器便向CPU提出中断请求。计数信号的来源可选择周期性的内部时钟信号（如定时功能）或非周期性的外界输入信号（如计数功能）。

一个典型单片机的内部8位减1计数器工作过程可用图4-2表示。

（4）定时/计数器的类型

单片机中的定时/计数器有软件定时器、不可编程硬件定时器和可编程定时器。

软件定时器：CPU每执行一条指令都需要时间，所以通过执行空指令可以达到延时的效果，但代价是占用CPU的时间，所以一般很少这么做。

不可编程硬件定时器：是由电路和硬件来完成定时功能的，一般采用基本电路，外接定时部件（电阻和电容），通过改变电阻的阻值和电容的电容值来修改定时值，一旦确定就不能通过软件修改，这样做的优点是不需要占用CPU时间。

可编程定时器：通过软件来确定定时值及其范围，可编程定时器功能强大，灵活性高。这是本任务中详细讲解的定时器。

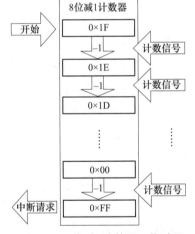

扫码看视频

（5）定时器与计数器的区别和联系

计数器和定时器的本质是相同的，都是对单片机中产生的脉冲进行计数，只不过计数器是单片机外部触发的脉冲，定时器是单片机内部在晶振的触发下产生的脉冲。当他们的脉冲间隔相同时，计数器和定时器的概念相同。

2．CC2530的定时/计数器

CC2530中共包含了5个定时/计数器，分别是定时器1、定时器2、定时器3、定时器4和睡眠定时器。

（1）定时器1

定时器1是一个16位定时器，主要具有以下功能：

1）支持输入捕获功能，可选择上升沿、下降沿或任何边沿进行输入捕获。

2）支持输出比较功能，输出可选择设置、清除或切换。

3）支持PWM功能。

4）具有5个独立的捕获/比较通道，每个通道使用一个I/O引脚。

图4-2　8位减1计数器工作过程

5）具有自由运行、模、正计数/倒计数三种不同工作模式。

6）具有可被1、8、32或128整除的时钟分频器，为计数器提供计数信号。

7）能在每个捕获/比较和最终计数上产生中断请求。

8）能触发DMA功能。

定时器1是CC2530中功能最全的一个定时/计数器，是在应用中被优先选用的对象。

（2）定时器2

定时器2主要用于为802.15.4 CSMA-CA算法提供定时，以及为802.15.4 MAC层提供一般的计时功能，也叫作MAC定时器，用户一般情况下不使用该定时器，在此不再对其进行详细介绍。

（3）定时器3和定时器4

定时器3和定时器4都是8位的定时器，主要具有以下功能：

1）支持输入捕获功能，可选择上升沿、下降沿或任何边沿进行输入捕获。

2）支持输出比较功能，输出可选择设置、清除或切换。

3）具有2个独立的捕获/比较通道，每个通道使用一个I/O引脚。

4）具有自由运行、倒计数、模、正计数/倒计数四种不同工作模式。

5）具有可被1、2、4、8、16、32、64或128整除的时钟分频器，为计数器提供计数信号。

6）能在每个捕获/比较和最终计数上产生中断请求。

7）能触发DMA功能。

定时器3和定时器4通过输出比较功能也可以实现简单的PWM控制。

（4）睡眠定时器

睡眠定时器是一个24位正计数定时器，运行在32kHz的时钟频率下，支持捕获/比较功能，能够产生中断请求和DMA触发。睡眠定时器主要用于设置系统进入和退出低功耗睡眠模式之间的周期，还用于低功耗睡眠模式时维持定时器2的定时。

3．CC2530定时/计数器的工作模式

CC2530的定时器1、定时器3和定时器4虽然使用的计数器计数位数不同，但它们都具备"自由运行""模"和"正计数/倒计数"三种不同的工作模式，定时器3和定时器4还具有单独的倒计数模式。此处以定时器1为例进行介绍。

（1）自由运行模式

在自由运行模式下，计数器从0x0000开始，在每个活动时钟边沿增加1，当计数器达到0xFFFF时溢出，计数器重新载入0x0000并开始新一轮递增计数，如图4-3所示。

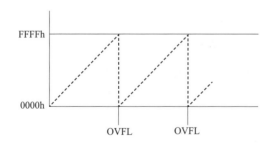

扫码看视频

图4-3　自由运行模式

自由运行模式的计数周期是固定值0xFFFF，当计数器达到最终计数值0xFFFF时，系统自动设置标志位IRCON.T1IF和T1STAT.OVFIF，如果用户设置了相应的中断屏蔽位TIMIF.T1OVFIM和IEN1.T1EN，将产生一个中断请求。

（2）模模式

在模模式下，计数器从0x0000开始，在每个活动时钟边沿增加1，当计数器达到T1CC0寄存器保存的值时溢出，计数器将复位到0x0000并开始新一轮递增计数，如图4-4所示。

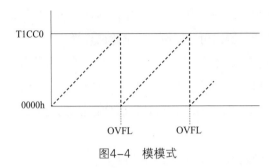

图4-4 模模式

计数溢出后,将置位相应标志位,同时如果设置了相应的中断使能则会产生一个中断请求。T1CC0由两个8位寄存器T1CC0H和T1CC0L构成,分别用来保存最终计数值的高8位和低8位。模模式的计数周期不是固定值,可由用户自行设定,以便获取不同时长的定时时间。

定时器3和定时器4的倒计数模式类似于模模式,只不过计数值是从最大计数值向0x00倒序计数。

(3)正计数/倒计数模式

在正计数/倒计数模式下,计数器反复从0x0000开始,正计数到T1CC0保存的最终计数值,然后再倒计时回0x0000,如图4-5所示。

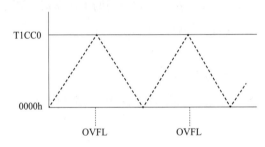

图4-5 正计数/倒计数模式

正计数/倒计数模式下,计数器在到达最终计数值时溢出,并置位相关标志位,若用户已使能相关中断,则会产生中断请求。这种工作模式在用来进行PWM控制时可以实现中心对齐的PWM输出。

建立本任务的工程项目,进行代码设计和调试。

1. 任务实现思路

选用定时器1,让其每隔固定时间产生一次中断请求,在定时器1的中断服务函数中判断时间是否到达1.5s,如果到达1.5s则直接在中断服务函数中点亮LED1,当到达2s时再熄灭LED1。

程序中的核心内容是对定时器1进行初始化配置和定时器1中断服务函数的编写。对定时

定时/计数器应用

器1进行初始化配置可参照图4-6所示的步骤，定时器1中断服务函数处理流程可参照图4-7所示的步骤。

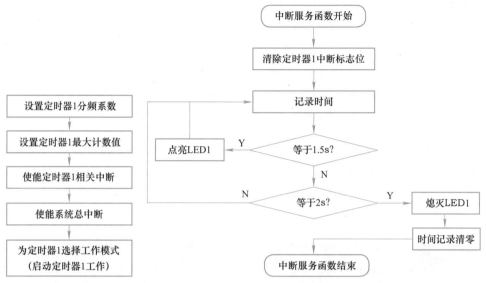

图4-6　定时器1初始化步骤　　　　图4-7　定时器1中断服务函数处理流程

2．初始化定时器1

（1）设置定时器1分频系数

定时器1的计数信号来自CC2530内部系统时钟信号的分频，可选择1、8、32或128分频。CC2530在上电后，默认使用内部频率为16MHz的RC振荡器，也可以使用外接的晶体振荡器，一般选用的是32MHz频率的晶振。

定时器1采用16位计数器，最大计数值为0xFFFF，即65535。当使用16MHzRC振荡器时，如果使用最大分频128分频，则定时器1的最大定时时长为524.28ms。

设定定时器1的分频系数需要使用T1CTL寄存器，通过设置DIV[1:0]两位的值为定时器1选择分频系数，T1CTL寄存器描述见表4-1。

表4-1　T1CTL寄存器

位	位名称	复位值	操作	描述
7:4	—	0000	R0	未使用
3:2	DIV[1:0]	00	R/W	定时器1时钟分频设置 00：1分频 01：8分频 10：32分频 11：128分频
1:0	MODE[1:0]	00	R/W	定时器1工作模式设置 00：暂停运行 01：自由运行模式 10：模模式 11：正计数/倒计数模式

在本任务中，为定时器1选择128分频，设置代码为：

```
T1CTL |= 0x0c;          //定时器1时钟频率128分频
```

（2）设置定时器1最大计数值

任务要求定时时间为2s和0.5s，根据CC2530时钟源的选择和定时器1的分频选择可知，定时器1最大定时时长为524.28ms多。为便于程序中进行计算，可设置定时器1的定时时长为0.25s，并计算出计数最大值，见下式：

$$最大计数值 = \frac{定时时长}{定时器计数周期} = \frac{0.25}{\frac{1}{16M} \times 128} = 31250 = 0x7A12$$

在使用定时器1的定时功能时，使用T1CC0H和T1CC0L两个寄存器存放最大计数值的高8位和低8位。T1CCxH和T1CCxL共有5对，分别对应定时器1的通道0到通道4，两个寄存器的功能描述见表4-2和表4-3。

表4-2　T1CCxH寄存器

位	位名称	复位值	操作	描述
7:0	T1CCx[15:8]	0x00	R/W	定时器1通道0到通道4捕获/比较值的高位字节

表4-3　T1CCxL寄存器

位	位名称	复位值	操作	描述
7:0	T1CCx[7:0]	0x00	R/W	定时器1通道0到通道4捕获/比较值的低位字节

在程序设计中，应先写低位寄存器，再写高位寄存器。例如，设置定时器1计数初值0xF424的代码为：

```
T1CC0L = 0x12;          //设置最大计数值低8位
T1CC0H = 0x7A;          //设置最大计数值高8位
```

（3）使能定时器1中断功能

在使用定时器时，可以使用查询方法来查看定时器当前的计数值，也可以使用中断方式。

1）查询方式。

使用代码读取定时器1当前的计数值，在程序中根据计数值大小确定要执行的操作。通过读取T1CNTH和T1CNTL两个寄存器来分别获取当期计数值的高位字节和低位字节，两个寄存器的描述见表4-4和表4-5。

表4-4　T1CNTH寄存器

位	位名称	复位值	操作	描述
7:0	CNT[15:8]	0x00	R/W	定时器1计数器高位字节 在读T1CNTL时，计数器的高位字节缓冲到该寄存器

表4-5　T1CNTL寄存器

位	位名称	复位值	操作	描述
7:0	CNT[7:0]	0x00	R/W	定时器1计数器低位字节 向该寄存器写任何值将导致计数器被清除为0x0000

当读取T1CNTL寄存器时，计数器的高位字节会被缓冲到T1CNTH寄存器，以便高位字节可以从T1CNTH中读出，因此在程序中应先读取T1CNTL寄存器，再读取T1CNTH寄存器。

2）中断方式。

定时器有3种情况能产生中断请求：

① 计数器达到最终计数值（自由运行模式下到0xFFFF，正计数/倒计数模式下到0x0000）。

② 输入捕获事件。

③ 输出比较事件（模模式时使用）。

要使用定时器的中断工作方式，必须使能各个相关中断控制位。CC2530中定时器1到定时器4的中断使能位分别是IEN1寄存器中的T1IE、T2IE、T3IE和T4IE。由于IEN1寄存器可以进行位寻址，所以使能定时器1中断可以采用以下代码：

        T1IE = 1;   //使能定时器1中断

除此之外，定时器1、定时器3和定时器4还分别拥有一个计数溢出中断屏蔽位，分别是T1OVFIM、T3OVFIM和T4OVFIM，当这些位被设置成1时，对应定时器的计数溢出中断便被使能。这些位都可以进行位寻址，不过一般用户不需要对其进行设置，因为这些位在CC2530上电时的初始值就是1。如果要手工设置，则可以用以下代码。

        T1OVFIM = 1;   //使能定时器1溢出中断

最后要使能系统总中断EA。

（4）设置定时器1工作模式

由于需要手工设定最大计数值，因此可为定时器1选择工作模式为正计数/倒计数模式，只需要设置T1CTL寄存器中的MODE[1:0]位即可，可见表4-1中的描述。一旦设置了定时器1的工作模式（MODE[1:0]为非0值），则定时器1立刻开始定时计数工作，设置代码为：

        T1CTL |= 0x03;   //定时器1采用正计数/倒计数模式

如果使用的是定时器3或定时器4，则可参照表4-6设置相关寄存器。

表4-6　T3CTL寄存器或T4CTL寄存器

位	位名称	复位值	操作	描述
7:5	DIV[2:0]	000	R/W	定时器时钟分频值 000：1分频 001：2分频 010：4分频 011：8分频 100：16分频 101：32分频 110：64分频 111：128分频

（续）

位	位名称	复位值	操作	描述
4	START	0	R/W	启动定时器 0：定时器暂停运行 1：定时器正常运行
3	OVFIM	1	R/W0	计数器溢出中断屏蔽 0：中断禁止 1：中断使能
2	CLR	0	R0/W1	清除计数器，写1到CLR复位计数器到0x00，并初始化相关通道所有的输出引脚
1:0	MODE[1:0]	00	R/W	定时器工作模式选择 00：自由运行模式 01：倒计数模式 10：模模式 11：正计数/倒计数模式

（5）程序初始化代码

在程序主函数中，对LED控制端口和将定时器1进行初始化后的代码如下：

```
/************************************************************
函数名称：main
功能：程序主函数
入口参数：无
出口参数：无
返回值：无
************************************************************/
void main(void)
{
    /*****************LED1初始化部分*****************/
    P1SEL &= ~0x01;      //设置P1_0端口为普通I/O端口
    P1DIR |= 0x01;       //设置P1_0端口为输出端口
    LED1 = 0;            //熄灭LED1
    /**********************************************/

    /***************定时器1初始化部分****************/
    T1CTL |= 0x0c;       //定时器1时钟频率128分频
    T1CC0L = 0x12;       //设置最大计数值低8位
    T1CC0H = 0x7A;       //设置最大计数值高8位
    T1IE = 1;            //使能定时器1中断
    T1OVFIM = 1;         //使能定时器1溢出中断
    EA = 1;              //使能总中断
    T1CTL |= 0x03;       //定时器1采用正计数/倒计数模式
    /**********************************************/
```

```
    while(1)//程序主循环
    {
    }
}
```

3．编写定时器1中断服务函数

（1）定时器1的中断标志

根据前面对定时器1进行的初始化配置，定时器1每隔0.5s会产生一次中断请求，自动将定时器1的中断标志位T1IF位和计数溢出标志位OVFIF位置位。

T1IF位处于IRCON寄存器中，该寄存器可进行位寻址，其中还包括了其他定时器的中断标志位，如T2IF、T3IF和T4IF。这些定时器的中断标志在执行相应的中断服务函数时会自动清除，不需要用户手工操作。

OVFIF位处于T1STAT寄存器中，需要手工进行清除。T1STAT寄存器的描述见表4-7。

表4-7　T1STAT寄存器

位	位名称	复位值	操作	描述
7:6	——	00	R0	未使用
5	OVFIF	0	R/W0	定时器1计数器溢出中断标志
4:0	CHxIF	0	R/W0	定时器1通道4到通道0的中断标志

清除定时器1计数器溢出中断标志的代码是：

```
T1STAT &= ~0x20;    //清除定时器1溢出中断标志位
```

（2）计算定时时间

定时器1的定时周期为0.5s，无法直接达到2s的定时时长，可以使用一个自定义变量来统计定时器1计数溢出次数，如：

```
unsigned char t1_Count=0; //定时器1溢出次数计数
```

由于采用正计数/倒计数模式，定时器1每溢出一次表示经过了0.5s，此时让t1_Count自动加1，然后判断t1_Count的值。如果t1_Count等于4，则说明定时已达到2s，同时要清零t1_Count的值，以便开始新的统计周期。根据任务要求，可在一轮定时的1.5s后点亮LED1，在定时2s后熄灭LED1。

完整的定时器1中断服务程序如下：

```
/*******************************************************
函数名称：T1_INT
功能：定时器1中断服务函数
入口参数：无
出口参数：无
返回值：无
*******************************************************/
#pragma vector = T1_VECTOR
__interrupt void T1_INT(void)
```

扫码看视频

```
    {
        T1STAT &= ~0x20;        //清除定时器1溢出中断标志位
        t1_Count++;             //定时器1溢出次数加1，溢出周期为0.5s
        if(t1_Count == 3)       //如果溢出次数到达3则说明经过了1.5s
        {
            LED1 = 1;           //点亮LED1
        }
        if(t1_Count == 4)       //如果溢出次数到达4则说明经过了2s
        {
            LED1 = 0;           //熄灭LED1
            t1_Count = 0;       //清零定时器1溢出次数
        }
    }
}
```

扫码看视频

编译并生成目标代码，下载到实验板上运行，观察LED1的显示效果。也可使用示波器观察LED1控制引脚的信号输出。

任务拓展

（1）拓展练习1

使用定时器3实现本任务。

提示：注意定时器3使用的是8位计数器，且定时器3具有专门的启/停控制位。

（2）拓展练习2

使用定时器3和定时器4分别控制LED1和LED2的亮/灭，具体要求如下：

① 系统上电后LED1和LED2全部熄灭。

② LED1每隔3s就点亮1s，LED3的亮/灭周期为4s。

③ LED2每隔1s切换一次亮/灭状态，其亮/灭周期为2s。

（3）拓展练习3

使用定时器1的模模式实现本任务。

提示：在模模式下，使用的不再是定时器1的溢出中断，而是定时器1通道0的比较事件。因此要将通道0配置成比较功能，且在中断服务函数中清除通道0中断标志。需要使用通道控制寄存器T1CCTL0，可自行参阅CC2530编程手册。

单元总结

1）定时/计数器是一种能够对时钟信号或外部输入信号进行计数，当计数值达到设定要求时便向CPU提出处理请求，从而实现定时或计数功能的外设。

2）高级定时/计数器除了有最基本的定时和计数功能外，还具有捕获、比较和PWM输出功能。

3）定时/计数器的核心是一个计数器，可以是加1计数器或减1计数器，当计数到溢出时向CPU提出中断请求。

4）定时/计数器在使用过程中可以使用程序查询的方式获取计数值，也可以使用中断方式进行定时。

5）CC2530中共包含了5个定时/计数器，分别是定时器1、定时器2、定时器3、定时器4和睡眠定时器。

6）CC2530的定时器1是16位定时器，有"自由运行""模"和"正计数/倒计数"三种不同的工作模式。

7）CC2530的定时器3和定时器4是8位定时器，有"自由运行""倒计数""模"和"正计数/倒计数"4种不同的工作模式。

8）通过分频，可以为定时/计数器提供不同频率的计数时钟信号。

9）当定时器的定时周期达不到所需时间时，可使用一个变量来记录其溢出次数，从而进行时间的计算。

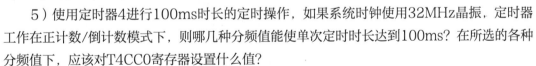

习题

1）使用定时/计数器有什么好处？

2）CC2530包含哪几个定时器？各个定时器的基本作用是什么？

3）定时/计数器一般的初始化流程是什么？

4）当使用模模式时，如何计算定时器的计数最大值？

5）使用定时器4进行100ms时长的定时操作，如果系统时钟使用32MHz晶振，定时器工作在正计数/倒计数模式下，则哪几种分频值能使单次定时时长达到100ms？在所选的各种分频值下，应该对T4CC0寄存器设置什么值？

扫码看视频

学习单元 ⑤

串口通信应用

单元概述

　　本学习单元的主要内容是CC2530单片机串口的使用方法，包含两个任务。任务1介绍CC2530的串口发送数据到计算机的相关知识，通过本任务的学习学生可掌握使用串口通信的基本设置方法。任务2介绍了计算机通过串口模式控制CC2530的I/O端口，通过本任务的学习学生可掌握计算机通过串口发送字符控制下位机的方法。

学习目标

知识目标：

　　了解串口通信的基础知识。

　　了解CC2530串口模块的结构。

　　掌握CC2530串口的特殊功能寄存器的作用。

　　熟悉CC2530串口模块的配置和运用。

　　掌握CC2530串口发送数据的编程。

　　掌握查询方式和中断方式接收数据的编程。

技能目标：

　　能够根据实际应用对串口进行配置。

　　能够使用串口输出信息。

　　能够从串口获取计算机传来的控制信号。

　　能够使用头文件来帮助编写代码。

　　能够使用串口调试软件进行调试。

素质目标：

　　具备开阔、灵活的思维能力。

　　具备积极、主动的探索精神。

　　具备严谨、细致的工作态度。

任务1 实现串口发送数据到计算机

任务要求

编写程序实现实验板定期向计算机串口发送字符串"Hello！I am CC2530。\n"。实验板开机后按照设定的时间间隔，不断地向计算机发送字符串，报告自己的状态，每发送一次字符串消息，LED1闪亮一次。具体工作方式如下：

① 通电后LED1熄灭。

② 设置USART 0使用位置。

③ 设置UART工作方式和波特率。

④ LED1点亮。

⑤ 发送字符串"Hello！I am CC2530。\n"。

⑥ LED1熄灭。

⑦ 延时一段时间，延时时间可以设置为3s。

⑧ 返回步骤④循环执行。

任务分析

本任务主要是实现串口通信发送字符串，需要知道CC2530是如何设置串口类型、工作方式和波特率，如何发送字符和字符串，LED是如何显示串口数据发送状态的，以及怎样通过延时方法来控制CC2530定时输出相关信息。

建议学生带着以下问题进行本项任务的学习和实践。

● 串口通信有哪些工作方式和波特率？

● CC2530有哪些串口通信模式？如何设置？

● CC2530的串口是如何发送数据的？

● CC2530发送数据时，哪些寄存器的值有变化？

● 如何编写控制串口数据发送程序？

必备知识

1. 串口通信介绍

（1）串口通信

串口通信（Serial Communication）是指外设和计算机间通过数据信号线、地线等，按位进行数据传输的一种通信方式。

串口是一种接口标准，它规定了接口的电气标准，没有规定接口插件电缆以及使用的协议。

（2）串口通信的数据格式

串口传输数据是一个字符、一个字符地传输，每个字符一位、一位地传输，并且传输一个字符时，总是以"起始位"开始，以"停止位"结束，字符之间没有固定的时间间隔要求。

每一个字符的前面都有一位起始位（低电平），字符本身由7位数据位组成，接着字符后面是一位校验位（检验位可以是奇校验、偶校验或无校验位），最后是一位、一位半或两位停止位，停止位后面是不定长的空闲位，停止位和空闲位都规定为高电平。实际传输时每一位的信号宽度与波特率有关，波特率越高，宽度越小。在进行传输之前，双方一定要使用同一个波特率设置。串口传输数据的数据帧格式如图5-1所示。

扫码看视频

图5-1　串口传输数据的数据帧格式

（3）通信方式

单工模式（Simplex Communication）的数据传输是单向的。通信双方中，一方固定为发送端，一方则固定为接收端。信息只能沿一个方向传输，使用一根传输线。

半双工模式（Half Duplex）通信使用同一根传输线，既可以发送数据又可以接收数据，但不能同时进行发送和接收。数据传输允许数据在两个方向上传输，但是在任何时刻只能由其中的一方发送数据，另一方接收数据。因此半双工模式既可以使用一条数据线，也可以使用两条数据线。半双工通信中每端需有一个收发切换电子开关，通过切换来决定数据向哪个方向传输。因为有切换，所以会产生时间延迟，信息传输效率低些。

全双工模式（Full Duplex）通信允许数据同时在两个方向上传输。因此，全双工通信是两个单工通信方式的结合，它要求发送设备和接收设备都有独立的接收和发送能力。在全双工模式中，每一端都有发送器和接收器，有两条传输线，信息传输效率高。

显然，在其他参数都一样的情况下，全双工比半双工传输速度快、效率高。

（4）波特率

波特率就是每秒钟传输的数据位数。

扫码看视频

波特率的单位是每秒比特数(bit/s)，常用的单位还有：每秒千比特数kbit/s，每秒兆比特数Mbit/s。串口典型的传输波特率有600bit/s、1200bit/s、2400bit/s、4800bit/s、9600bit/s、19 200bit/s和38 400bit/s。

（5）典型的串口通信标准

EIA RS-232（通常简称为RS-232）：1962年由美国电子工业协会（EIA）制定。

EIA RS-485（通常简称为RS-485）：1983年由美国电子工业协会（EIA）制定。

2．CC2530的串口通信模块

CC2530有两个串行通信接口USART 0和USART 1，它们能够分别运行于异步UART模式或者同步SPI模式。两个USART具有同样的功能，可以设置在单独的I/O引脚中，见表5-1。

表5-1　USART的I/O引脚映射

外设/功能	P0								P1							
	7	6	5	4	3	2	1	0	7	6	5	4	3	2	1	0
USART 0 UART			RT	CT	TX	RX										
Alt.2									RX	TX	RT	CT				
USART1 UART			RX	TX	RT	CT										
Alt.2									RX	TX	RT	CT				

根据映射表可知，在UART模式中，使用双线连接方式，UART0和UART1对应的外部设置I/O引脚关系分别为：

位置1：RX0——P0_2　　TX0——P0_3　　P0_5——RX1　　TX1——P0_4

位置2：RX0——P1_4　　TX0——P1_5　　P1_7——RX1　　TX1——P1_6

UART模式的操作具有下列特点：

1）8位或者9位有效数据。

2）奇校验、偶校验或者无奇偶校验。

3）配置起始位和停止位电平。

4）配置LSB或者MSB首先传送。

5）独立收发中断。

6）独立收发DMA触发。

7）奇偶校验和数据帧错误状态指示。

UART模式提供全双工传送，接收器中的位同步不影响发送功能。传送一个UART字节包含1个起始位、8个数据位、1个作为可选项的第9位数据或者奇偶校验位再加上1个或2个停止位。实际发送的帧包含8位或者9位，但是数据传送只涉及一个字节。

3．CC2530串口通信的相关寄存器

对于CC2530的每个USART串口通信，有5个如下的寄存器（x是USART的编号，为0或者1）：

1）UxCSR：USARTx控制和状态寄存器，见表5-2。

2）UxUCR：USARTxUART控制寄存器，见表5-3。

3）UxGCR：USARTx通用控制寄存器，见表5-4。

4）UxBUF：USARTx接收/传送数据缓冲寄存器，见表5-5。

5）UxBAUD：USARTx波特率控制寄存器，见表5-6。

扫码看视频

表5-2　UxCSR——USARTx控制和状态寄存器

位	位名称	复位值	操作	描述
7	MODE	0	R/W	USART模式选择 0：SPI模式 1：UART模式
6	REN	0	R/W	UART接收器使能。注意在UART完全配置之前不使能接收 0：禁用接收器 1：接收器使能
5	SLAVE	0	R/W	SPI主或者从模式选择 0：SPI主模式 1：SPI从模式
4	FE	0	R/W0	UART数据帧错误状态 0：无数据帧错误 1：字节收到不正确的停止位
3	ERR	0	R/W0	UART奇偶错误状态 0：无奇偶错误检测 1：字节收到奇偶错误
2	RX_BYTE	0	R/W0	接收字节状态。URAT模式和SPI从模式。当读U0DBUF该位自动清除，通过写0清除它，这样有效丢弃U0DBUF中的数据 0：没有收到字节 1：准备好接收字节
1	TX_BYTE	0	R/W0	传送字节状态。URAT模式和SPI主模式 0：字节没有被传送 1：写到数据缓存寄存器的最后字节被传送
0	ACTIVE	0	R	USART传送/接收主动状态、在SPI从模式下该位等于从模式选择 0：USART空闲 1：在传送或者接收模式USART忙碌

表5-3　UxUCR——USARTxUART控制寄存器

位	位名称	复位值	操作	描述
7	FLUSH	0	R0/W1	清除单元。当设置时，该事件将会立即停止当前操作并且返回单元的空闲状态
6	FLOW	0	R/W	UART硬件流使能。用RTS和CTS引脚选择硬件流控制的使用 0：流控制禁止 1：流控制使能
5	D9	0	R/W	UART奇偶校验位。当使能奇偶校验，写入D9的值决定发送的第9位的值，如果收到的第9位不匹配收到字节的奇偶校验，则接收时报告ERR。如果奇偶校验使能，则可以设置以下奇偶校验类型 0：奇校验 1：偶校验
4	BIT9	0	R/W	UART 9位数据使能。当该位是1时，使能奇偶校验位传输（即第9位）。如果通过PARITY使能奇偶校验，则第9位的内容是通过D9给出的 0：8位传送 1：9位传送

（续）

位	位名称	复位值	操作	描述
3	PARITY	0	R/W	UART奇偶校验使能 0：禁用奇偶校验 1：奇偶校验使能
2	SPB	0	R/W	UART停止位的位数。选择要传送的停止位的位数 0：1位停止位 1：2位停止位
1	STOP	1	R/W	UART停止位的电平必须不同于开始位的电平 0：停止位低电平 1：停止位高电平
0	START	0	R/W	UART起始位电平。闲置线的极性采用选择的起始位级别电平的相反电平 0：起始位低电平 1：起始位高电平

表5-4　UxGCR——USARTx通用控制寄存器

位	位名称	复位值	操作	描述
7	CPOL	0	R0/W1	SPI的时钟极性 0：负时钟极性 1：正时钟极性
6	CPHA	0	R/W	SPI时钟相位 0：当SCK从0到1时数据输出到MOSI，并且当SCK从1到0时MISO数据输入 1：当SCK从1到0时数据输出到MOSI，并且当SCK从0到1时MISO数据输入
5	ORDER	0	R/W	传送位顺序 0：LSB先传送 1：MSB先传送
4:0	BAUD_E [4:0]	00000	R/W	波特率指数值。BAUD_E和BAUD_M决定了UART波特率和SPI的主SCK时钟频率

表5-5　UxBUF——USARTx接收/传送数据缓冲寄存器

位	位名称	复位值	操作	描述
7:0	DATA [7:0]	0x00	R/W	USART接收和传送数据 写入该寄存器的时候数据被写到内部传送数据寄存器。读取该寄存器的时候数据来自内部读取的数据寄存器

表5-6　UxBAUD——USARTx波特率控制寄存器

位	位名称	复位值	操作	描述
7:0	BAUD_M [7:0]	0x00	R/W	波特率小数部分的值。BAUD_E和BAUD_M决定了UART的波特率和SPI的主SCK时钟频率

4. CC2530串口通信的波特率

当运行在UART模式时，内部波特率发生器设置由UxBAUD.BAUD_M[7:0]和UxGCR.BAUD_E[4:0]来定义波特率。在32MHz系统时钟时常用的波特率设置见表5-7。

表5-7　32MHz系统时钟时常用的波特率设置

波特率/（bit/s）	UxBAUD.BAUD_M	UxGCR.BAUD_E	误差（%）
2 400	59	6	0.14
4 800	59	7	0.14
9 600	59	8	0.14
14 400	216	8	0.03
19 200	59	9	0.14
28 800	216	9	0.03
38 400	59	10	0.14
57 600	216	10	0.03
76 800	59	11	0.14
115 200	216	11	0.03
230 400	216	12	0.03

任务实施

1. 电路分析

要使用CC2530单片机和计算机进行串行通信，需要了解常用的串行通信接口。常用的串行通信接口标准有RS-232C、RS-422A和RS-485等。由于CC2530单片机的输入输出电平是TTL电平，计算机配置的串行通信接口配置是RS-232标准接口，两者的电器规范不一致，要完成两者之间的通信，需要在两者之间进行电平转换。CC2530单片机和计算机进行串行通信的方案如图5-2所示。

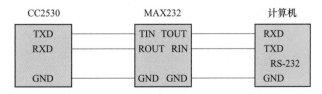

图5-2　CC2530与计算机通信电平转换方案

实验板上CC2530的串口通信连接计算机的电路如图5-3所示。

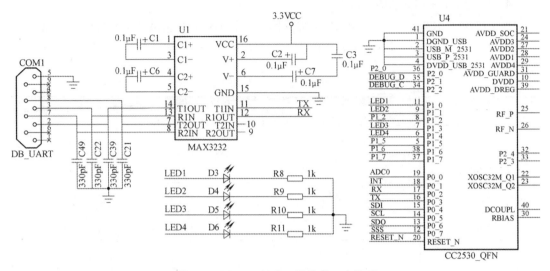

图5-3 CC2530的串口通信接口电路图

串口通信电路在连接上采用3线制，将单片机和计算机的串口用RXD、TXD、GND三条线连接起来。计算机的RXD线连接着单片机的TXD，计算机的TXD线连接着单片机的RXD，共同使用同一条地线。串口通信的其他握手信号均不使用。计算机的RS-232规定逻辑0的电平为5~15V，逻辑1的电平为-15~-5V。由于单片机的TTL逻辑电平和RS-232的电气特性完全不同，因此必须经过MAX3232芯片进行电平转换。

2．代码设计

（1）建立工程

建立本任务的工程项目，在项目添加名为"uart1.c"的代码文件。

（2）编写代码

根据任务要求，可将串口发送数据到计算机的项目用流程图进行表示，如图5-4所示。

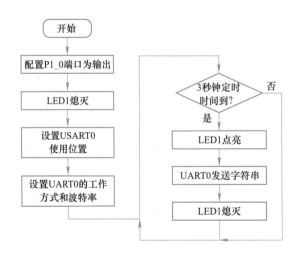

图5-4 串口发送数据到计算机的流程

1）引用CC2530头文件。

在uart1.c文件中引用"ioCC2530.h"文件：

```
#include "ioCC2530.h" //引用CC2530头文件
```

该文件是为CC2530编程所需的头文件，它包含了CC2530中各个特殊功能寄存器的定义。引用该头文件后，在程序代码中可以使用特殊功能寄存器的名称、中断向量等，如P1、P1DIR、U0CSR、U0BUF、T1_VECTOR等。

2）设计串口初始化函数initUART0( )。

串口通信使用前要先进行初始化操作，串口初始化有三个步骤：配置I/O使用外部设备功能，本项目配置P0_2和P0_3用作串口UART0；配置相应串口的控制和状态寄存器，本项目配置UART0的工作寄存器；配置串口工作的波特率，此处配置为57 600bit/s。

片内外设引脚位置采用上电复位默认值，即PERCFG寄存器采用默认值。USART0使用位置1，P0_2、P0_3、P0_4、P0_5作为片内外设I/O，用作UART方式。代码如下：

```
PERCFG = 0x00;
P0SEL = 0x3c;
U0CSR |= 0x80;
```

设置UART的工作方式和波特率。UART0配置参数采用上电复位，默认值如下：

① 硬件流控：无。

② 奇偶校验位（第9位）：奇校验。

③ 第9位数据使能：否。

④ 奇偶校验使能：否。

⑤ 停止位：1个。

⑥ 停止位电平：高电平。

⑦ 起始位电平：低电平。

扫码看视频

当使用32MHz晶体振荡器作为系统时钟时，获得波特率为57 600bit/s，需要进行如下设置：UxBAUD.BAUD_M=216；UxGCR.BAUD_E=10；该设置误差为0.03%。初始化函数完整代码如下：

```
void initUART0(void)
{
    PERCFG=0x00;
    P0SEL=0x3c;
    U0CSR|=0x80;
    U0BAUD=216;
    U0GCR=10;
    U0UCR|=0x80;
    UTX0IF=0; // 清零UART0 TX中断标志
    EA=1;      //使能全局中断
}
```

扫码看视频

3）设计串口发送一个字符串函数UART0SendString。

CC2530的串口初始化完毕后，向USART收发数据缓冲寄存器UxBUF写入数据，该字节数据就通过TXDx引脚发送出去。数据发送完毕，中断标志位UTXxIF被置1。程序通过检测UTXxIF来判断数据是否发送完毕。

　　发送字符串函数是通过调用发送字节数据函数实现的。串口发送字节数据的函数如下：

```
/*****************************************************************
*函数名称: UART0SendByte
*功能: UART0发送字节数据
*入口参数: c
*出口参数: 无
*返回值: 无
 *****************************************************************/
void UART0SendByte(unsigned char c)
{
    U0DBUF = c;         // 将要发送的1字节数据写入U0DBUF
    while (!UTX0IF);    // 等待TX中断标志，即U0DBUF就绪
    UTX0IF = 0;         // 清零TX中断标志
}
```

　　通过串口UART0发送字符串的函数，循环调用字节数据发送函数void UART0SendByte（unsigned char c）逐个发送字符，通过判断是否遇到字符串结束标记控制循环。程序代码如下：

```
/*****************************************************************
*函数名称: UART0SendString
*功能: UART0发送字符串
*入口参数: *str
*出口参数: 无
*返回值: 无
 *****************************************************************/
void UART0SendString(unsigned char *str)
{
    while(*str ! = '\0')
      {
        UART0SendByte(*str++);  // 发送1字节
      }
}
```

　　4）设计定时器T1的中断服务子程序。

　　可以有很多方法实现定时发送数据来报告传感器数据或自身状态，最简单的处理办法是使用延时函数，但是，执行延时函数的时间间隔不够准确，也耗费CPU的资源。使用定时器T1定时中断的方法会有准确的时间间隔，又节省单片机CPU资源。定时器T1的初始化过程可以参考已学习过的章节，此部分只给出源程序代码不再讲解。

　　通过对定时器T1进行设置，T1的溢出引发中断的时间为0.2s。在程序中，定义全局变量counter来统计T1的溢出次数。程序代码如下：

unsigned int counter=0; //统计定时器溢出次数

在定时器T1的中断服务程序中，通过设定不同的溢出次数实现串口发送数据时间间隔的调整。定时器T1中断服务子程序的实现代码如下：

```
/***************************************************************
* 功能：定时器T1中断服务子程序
***************************************************************/
#pragma vector = T1_VECTOR //中断服务子程序
__interrupt void T1_ISR(void)
{
    EA = 0;   //禁止全局中断
    counter++;
    T1STAT &= ~0x01;  //清除通道0中断标志
    EA = 1;   //使能全局中断
}
```

5）设计完整功能代码。

根据任务要求，整个任务实现的完整代码如下：

```
/*文件名称：uart1.c
* 功能：CC2530系统实验——单片机串口发送数据到计算机
* 描述：实现从 CC2530 上通过串口每3s发送字符串"Hello，I am CC2530 。\n"，
在计算机实验串口助手来接收数据。使用CC2530
的串口UART 0，波特率为57 600bit/s，其他参数为上电复位默认值。
*/
#include "ioCC2530.h"  //定义led灯端口
#define LED1 P1_0     // P1_0定义为P1_0
unsigned int counter=0; //统计定时器溢出次数
/***************************************************************
 * 函数名称：initUART0
 * 功能：初始化串口UART0
 ***************************************************************/
void initUART0(void)
{
    PERCFG = 0x00;
    P0SEL = 0x3c;
    U0CSR |= 0x80;
    U0BAUD = 216;
    U0GCR = 10;
    U0UCR |= 0x80;
    UTX0IF = 0;  // 清零UART0 TX中断标志
    EA = 1;   //使能全局中断
}
/***************************************************************
```

```
 * 函数名称：inittTimer1
 * 功能：初始化定时器T1，每0.2s溢出发生中断
 ************************************************************/
void inittTimer1()
{
    CLKCONCMD &= 0x80;  //时钟速度设置为32MHz
    T1CTL = 0x0E; // 配置128分频，模比较计数工作模式，并开始启动
    T1CCTL0 |= 0x04;                        //设定timer1通道0比较模式
    T1CC0L =50000 & 0xFF;    // 把50 000的低8位写入T1CC0L
    T1CC0H = ((50000 & 0xFF00) >> 8); // 把50 000的高8位写入T1CC0H
    T1IF=0;       //清除timer1中断标志
    T1STAT &= ~0x01; //清除通道0中断标志
    TIMIF &= ~0x40; //不产生定时器1的溢出中断
    IEN1 |= 0x02;   //使能定时器1的中断
    EA = 1;      //使能全局中断
}
/************************************************************
*函数名称：UART0SendByte
*功能：UART0发送字节数据
*入口参数：c
*出口参数：无
*返回值：无
 ************************************************************/
void UART0SendByte(unsigned char c)
{
    U0DBUF = c;
    while (!UTX0IF); // 等待TX中断标志，即U0DBUF就绪
    UTX0IF = 0;     // 清零TX中断标志
}


/************************************************************
 * 函数名称：UART0SendString
 * 功能：UART0发送字符串
 ************************************************************/
void UART0SendString(unsigned char *str)
{
    while(*str != '\0')
    {
      UART0SendByte(*str++); // 发送字节数据
    }
}
```

```
/***********************************************************
* 函数名称: T1_ISR
* 功能: 定时器T1中断服务子程序
***********************************************************/
#pragma vector = T1_VECTOR //中断服务子程序
__interrupt void T1_ISR(void)
{
    EA = 0;  //禁止全局中断
    counter++; //统计T1的溢出次数
    T1STAT &= ~0x01; //清除通道0中断标志
    EA = 1;  //使能全局中断
}
/***********************************************************
* 函数名称: main
* 功能: main函数入口
***********************************************************/
void main(void)
{
    P1DIR |= 0x01;  /* 配置P1_0的方向为输出 */
    LED1 = 0;
    inittTimer1(); //初始化Timer1
    initUART0(); // UART0初始化
    while(1)
        {
        if(counter>=15)      //定时器每0.2s一次，15次时间为3s
          {
          counter=0;
          LED1 = 1;
          UART0SendString("Hello！I am CC2530 。\n");
          LED1 = 0;
          }
        }
}
```

　　参照前面的任务编译项目，将生成的程序烧写到CC2530中。通过串口线将实验板连接到计算机的串口上，在计算机上通过串口调试软件观察CC2530单片机发送来的字符信息。

　　使用串口调试软件时应注意以下几点。

　　① 根据计算机串口连接情况，选择正确的串口号。如果使用USB转串口线连接，则需要安装好驱动程序，通过计算机的设备管理器查找出正确的串口号。

　　② 选择正确的串口参数。波特率为57 600bit/s，无奇偶校验，一位停止位。

　　③ 接收模式选择文本模式。

计算机串口调试截图如图5-5所示。

图5-5 计算机串口调试软件接收到的字符串信息

（1）十六进制数据的发送

在本任务程序的主函数中，直接使用函数UART0SendString( )，通过UART0发送一个字符串。发送的字符串用半角双引号""括起来，C语言编译器会自动在字符末尾加上结束符'\0'（NULL）。如果需要发送一组十六进制数据，这些数据是传感器的相关数值或者收发用的校验码，则需要将十六进制数组成一维字符型数组，在十六进制数的结尾加入结束符'\0'。

举例说明如何发送一组十六进制数。编程实现通过串口发送四字节的十六进制数：0xc4、0xf0、0xd2、0x0f。主要实现代码如下：

```
unsigned char HexData[ 8 ]; //定义十六进制数数组

HexData[ 0 ]  =  0xc4;
HexData[ 1 ]  =  0xf0;
HexData[ 2 ]  =  0xd2;
HexData[ 3 ]  =  0x0f;
HexData[ 4 ]  =  0x00; //在数据尾部加上结束符'\0'

UART0SendString( *HexData); //发送十六进制数据
```

在发送十六进制数中，应特别注意是否包含0x00，如果在一组十六进制数中有0x00，则使用UART0SendString（*HexData）发送数据就会因为检测到0x00结束发送，数组中0x00之后的数据将被忽略。为了避免此问题，可以编写十六进制数发送函数UART0SendHex，参考代码如下：

```
unsigned char HexData[ 8 ]=   //定义十六进制数数组
{0xc4,0xf0,0xd2,0x00,0xd8,0xe5,0x00,0xd2 };
```

```
/*************************************************
* 函数名称：UART0SendHex
* 功能：UART0发送十六进制数据
* 入口参数：*dat_Hex 十六进制数数组，n 发送十六进制数的个数
* 出口参数：无
* 返回值：无
*************************************************/
void UART0SendHex(unsigned char*dat_Hex,unsigned char n)
{
    while(n--)
    {
        UART0SendByte(*dat_Hex ++);  // 发送十六进制数据
    }
}

UART0SendHex(HexData,8);
```

（2）串口通信中的奇偶校验

奇偶校验是一种校验代码传输正确性的方法。根据被传输的一组二进制代码的数位中"1"的个数是奇数或偶数来进行校验，采用奇数的称为奇校验，反之称为偶校验。通信双方事先规定好使用哪种检验方法，通常专门设置一个奇偶校验位，用它使这组代码中"1"的个数为奇数或偶数。若用偶校验，则当接收端收到这组代码时，校验"1"的个数是否为偶数，从而确定传输代码的正确性。奇偶校验能够检测出信息传输过程中的部分误码，但是不能实现纠错。

CC2530串口模块提供了奇偶校验功能。在UART0的控制寄存器U0UCR中的第3、4、5位分别用于奇偶检验或第9位数据的应用，其功能见表5-8。

表5-8　UxUCR—— USARTxUART控制寄存器

位	位名称	复位值	操作	描述
5	D9	0	R/W	UART奇偶校验位。当使能奇偶校验，写入D9的值决定发送的第9位的值，如果收到的第9位不匹配收到字节的奇偶校验，则接收时报告ERR。如果奇偶校验使能，则可以设置以下奇偶校验类型 0：奇校验 1：偶校验
4	BIT9	0	R/W	UART9位数据使能。当该位是1时，使能奇偶校验位传输（即第9位）。如果通过PARITY使能奇偶校验，则第9位的内容是通过D9给出的 0：8位传送 1：9位传送
3	PARITY	0	R/W	UART奇偶校验使能 0：禁用奇偶校验 1：奇偶校验使能

进行串口通信的双方约定使用相同的奇偶校验，以使用偶校验为例进行程序代码设计：

U0UCR |=0x08;　　　　　　// UART奇偶校验使能
U0UCR |=0x10;　　　　　　// UART 9位数据使能，串口通信传送9位数据
U0UCR |=0x20;　　　　　　//设置奇偶校验类型为偶校验

使用奇偶校验后，接收数据方可以通过UART0的奇偶错误状态位U0CSR.ERR来查看接收到的数据是否有错误，从而确定是否使用数据或者请求重发数据。

任务2　　实现计算机控制发光二极管

使用计算机的串口调试程序向实验板发送控制字符，实验板上的4个LED发光二极管根据控制字符进行点亮和熄灭两种状态的转换。具体工作方式如下：

① 通电后设置P1_0~P1_1为普通I/O端口，设置为输出。

② LED1、LED2熄灭。

③ UART0串口初始化。

④ 等待UART0接收数据。

⑤ 处理接收到的控制命令。

⑥ 按照控制命令对指定的LED进行点亮或熄灭。

⑦ 清空数据缓冲区和指针。

⑧ 返回步骤④循环执行。

任务分析

任务要求使用计算机通过串口连接CC2530的UART0进行控制。首先需要对串口进行初始化设置允许串口接收数据，根据接收到的数据进行分析，根据控制字符对二极管的亮/灭两种状态进行切换。

建议学生带着以下问题进行本任务的学习和实践。

● 如何配置CC2530的串口允许接收？

● 查询方式和中断方式两种接收方式有何区别？

● 如何根据接收到的字符控制LED的转换状态？

必备知识

CC2530的UxCSR是USARTx控制和状态寄存器，从表5-2中可以看出UxCSR的第6位是UART接收使能位，在UART配置后，通过设置UxCSR.REN的值来控制串口接收器允许接收还是禁止接收。当UxCSR.REN=1时，UART就开始接收数据，在RXDx引脚监测寻找有效的起始位，并且设置UxCSR.ACTIVE的值为1。当检测到有效的起始位时，收到的字节数据就传送到接收寄存器UxBUF。程序通过收发缓冲寄存器UxBUF获取接收到的字节数据，当UxBUF被读出时，UxCSR.RX_BYTE位由硬件清零。

编程中，通常有查询方式和中断方式两种方式来实现串口数据接收。

1. 查询方式接收串口数据

CC2530单片机在数据接收完毕后，中断标志位TCON.URXxIF被置1，程序通过检测TCON.URXxIF来判断UART是否接收到数据。查询方式接收串口数据是串口接收程序不断地查询中断标志位TCON.URXxIF是否为1。TCON.URXxIF的值不是1，接收程序则继续查询等待；如果查询到TCON.URXxIF的值是1，则软件编程将TCON.URXxIF的值清0，缓冲寄存器UxBUF中的数据赋值给程序变量，完成数据接收。

2. 中断方式接收串口数据

程序初始化时通过设置IEN0.URXxIE的值为1，则USARTx的串口接收中断使能。CC2530单片机在数据接收完毕后，中断标志位TCON.URXxIF被置1，就产生串口接收数据中断。在中断服务函数中，对中断标志位TCON.URXxIF软件清0，缓冲寄存器UxBUF中的数据赋值给程序变量，完成数据接收。

3. 串口控制命令的格式

计算机通过串口发送字符串控制LED灯的亮灭，要根据控制对象的数量及动作的复杂程度约定控制命令格式。以本项目的控制为例，控制对象是LED1和LED2，每个灯有亮/灭两种状态，所以在控制命令中要有两个部分来描述对象和状态。

控制命令分为3个部分：命令开始标志、LED灯序号和亮/灭状态。

命令开始标志使用一个字符"#"，使用一个字节数据。当串口接收到字符"#"时，标志着开始接收控制命令。LED灯的序号使用数字表示，使用一个字节数据。两个LED灯用数字1、2分别表示，也可以使用字母A、B表示。LED灯的亮/灭两种状态使用数字"1"和"0"表示，使用一个字节数据。"1"表示点亮LED灯；"0"表示熄灭LED灯。

CC2530的串口接收到字符，按照控制命令的格式分析执行。例如，接收到控制命令"#21"，则点亮LED2。由于控制命令字符长度固定，不需要在控制命令中加结束标志。在接收到的字符中，按照控制命令格式只保留分析有效的命令内容，其他字符内容将被弃掉。例如，接收到字符串"23#2142#204W#11#11"，其中包含的有效控制命令是"#21""#20"和"#11";对应的动作是LED2点亮、LED2熄灭和LED1点亮。

1. 电路分析

本项目的电路连接如图5-6所示。

电路中LED1、LED2分别连接到端口P1_0和P1_1。计算机的RS-232标准串口连接到COM1（D型9针接头），经过MAX3232完成电平转换与CC2530单片机的UART0串口相连接。UART0使用外设位置1，数据接收端RX和发送端TX分别对应P0_2和P0_3。

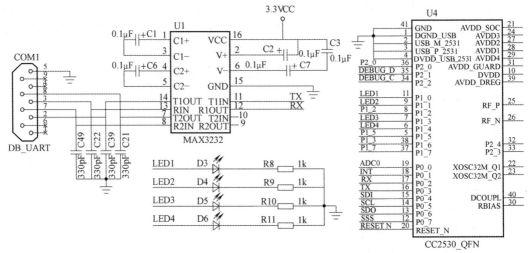

图5-6　CC2530与计算机通信电平转换方案

2. 代码设计

（1）建立工程

建立本任务的工程项目，在项目添加名为"uart2.c"的代码文件。

（2）编写代码

根据任务要求，可将整个程序的控制流程用图5-7表示。

1）编写基本代码。

① 在代码中引用"ioCC2530.h"头文件。

② 对LED1和LED2使用的I/O端口进行宏定义。

```
#define LED1 P1_0    // P1_0定义为P1_0
#define LED2 P1_1    // P1_0定义为P1_1
```

③ 将连接LED的端口设置为普通I/O端口，并设置为输出。代码如下：

```
P1SEL &= ~0x03;      //0x1B对应的二进制数为：00000011
P1DIR |= 0x03;
```

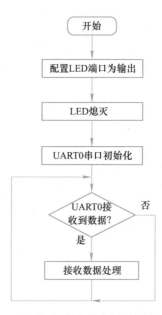

图5-7　计算机控制LED流程

2）编写UART0串口初始化代码。

① 配置I/O使用外部设备功能，本项目配置P0_2和P0_3用作串口UART0。

```
PERCFG = 0x00;        //位置 1 P0 端口
P0SEL = 0x3c;         //P0用作串口, P0_2、P0_3作为串口RX、TX
```

② 配置相应串口的控制和状态寄存器，本项目配置UART0的工作寄存器。

```
U0CSR |= 0x80;        // UART模式
U0UCR |= 0x80;        // 进行USART清除,并设置数据格式为默认值
```

③ 配置串口工作的波特率，本项目配置波特率为57 600bit/s。

```
U0BAUD = 216;
U0GCR = 10;
```

扫码看视频

3）编写接收数据处理程序receive_handler9（）。

计算机与CC2530通过串口通信，发送字符控制LED灯，对接收数据的处理是程序中的关键。CC2530接收数据处理流程如图5-8所示。

串口UART0接收到数据后，与字符"#"比较，判断接收到的是否是控制命令的起始字符。如果是控制命令的起始字符则保存在数据缓冲区的首个数据，同时复位接收数据缓冲区的指针uIndex。如果不是控制命令的起始字符则判断是否正在接收控制命令，将正在接收的控制命令字符存入缓冲区。程序代码如下：

```
uchar c;
c= U0DBUF;        // 读取接收到的字节
if(c == '#')
    {
    buff_RxDat[0]=c;              //控制命令起始字符存入接收数据缓冲区
    uIndex=0;
```

```
    }
else if(buff_RxDat[0]=='#')
    {                    //数据缓冲区有起始字符，正在接收控制命令
     uIndex++;
     buff_RxDat[uIndex]=c;
    }
```

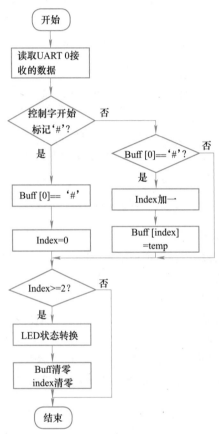

图5-8　CC2530接收数据处理流程

CC2530接收完整的控制命令后，将控制命令中LED灯的编号和点亮/熄灭的控制信息分别解析出来，运用Switch-Case语句控制相应的LED灯。实现代码如下：

```
if(uIndex>=2)
{  onoff=buff_RxDat[2]-0x30;
   switch(buff_RxDat[1])
   {    case '1':
      LED1=onoff;
      break;
    case '2':
        LED2=onoff;
      break;
   }
}
```

4）编写主程序。

在程序主循环中，使用if语句判断UART0接收数据中断标志位URX0IF的值是否为1，如果为1则说明串口接收到数据。首先将URX0IF清0，然后调用接收数据处理函数，处理完毕则执行循环等待。程序主循环的参考代码如下：

```
while(1)
  {
    if(URX0IF)
    {
     URX0IF = 0;//清中断标志
    receive_handler(); //调用接收数据后处理函数
    }
  }
```

完整的任务实现代码如下：

```
/************************************************************
 * 文件名称：uart2.c
 * 功能：计算机控制发光二极管亮灭
 ***********************************************************/
#include "ioCC2530.h"
#include <string.h>
//定义LED灯端口
#define LED1 P1_0     // P1_0定义为LED1
#define LED2 P1_1     // P1_1定义为LED2

#define uint unsigned int
#define uchar unsigned char
#define DATABUFF_SIZE  3 //数据缓冲区大小

uchar buff_RxDat[DATABUFF_SIZE+1]; //数据缓冲区
uchar uIndex = 0;  //数据缓冲区的下标
/************************************************************
 * 函数名称：InitUART0
 * 功能：UART0初始化
入口参数：time——延时循环执行次数
出口参数：无
返回值：无
 ***********************************************************/
void initUART0(void)
{
     PERCFG = 0x00;     //位置 1 P0 端口
     P0SEL = 0x3c;      //P0用作串口，P0_2、P0_3作为串口RX、TX
     U0BAUD = 216;
```

```
    U0GCR = 10;
    U0CSR |= 0x80;      // UART模式
    U0UCR |= 0x80;      // 进行USART清除,并设置数据格式为默认值
    URX0IF = 0;         // 清零UART0 RX中断标志
    U0CSR |= 0X40;      //允许接收
    EA = 1;             //使能全局中断
}


/*****************************************************************
* 函数名称: receive_handler
* 功能: 接收数据后处理
* 入口参数: 无
* 出口参数: 无
* 返回值: 无
*****************************************************************/
void receive_handler(void)
{
    ucharonoff=0;  //LED灯的开关状态
    uchar c;
    c= U0DBUF;          // 读取接收到的字节
    if(c == '#')
    {
        buff_RxDat[0]=c;
        uIndex=0;
    }
else if(buff_RxDat[0]=='#')
    {
      uIndex++;
      buff_RxDat[uIndex]=c;
    }
if(uIndex>=2)
{
    onoff=buff_RxDat[2]-0x30;
    switch(buff_RxDat[1])
    {
            case '1':
              LED1=onoff;
              break;
            case '2':
              LED2=onoff;
              break;
    }
```

```
        for(inti=0;i<=DATABUFF_SIZE;i++) //清空接收到的字符串
                buff_RxDat[i]=(uchar)NULL;
    uIndex = 0;
    }
}
/*********************************************************
* 函数名称: main
* 功能: main函数入口
*********************************************************/
void main(void)
{
    P1SEL &= ~0x03;    // 设置LED为普通I/O端口
    P1DIR |= 0x03 ;   // 设置LED为输出
    LED1 = 0;          //灭 LED
    LED2 = 0;

    CLKCONCMD &= 0x80;  //时钟速度设置为32MHz
    initUART0(); // UART0初始化
    while(1)
    {
      if(URX0IF)
      {
        URX0IF = 0;//清中断标志
        receive_handler(); //调用接收数据后处理函数
      }
    }
}
```

编译项目，将生成的程序烧写到CC2530中。使用串口调试软件时应注意以下几点：

① 根据计算机串口连接情况，选择正确的串口号。如果使用USB转串口线连接，则需要安装好驱动程序，通过计算机的设备管理器查找出正确的串口号。

② 选择正确的串口参数。波特率为57 600bit/s，无奇偶校验，一位停止位。

③ 发送模式选择文本模式。

使用串口调试软件分别发送以下控制字符串：

#11，#20，#21，#10

观察实验板上的LED1和LED2的亮/灭状态转换。

任务拓展

（1）UART0串口中断方式接收数据

结合所学内容，设置UART0串口使用中断方式接收数据，完成计算机通过串口向CC2530发送数据，控制LED1和LED2的点亮与熄灭。

提示:

UART0采用中断方式接收数据首先要在串口初始化配置中进行设置。在本单元任务1中串口初始化的基础上,清零UART0 RX中断标志,配置串口允许接收,使能全局中断。实现代码如下:

```
URX0IF = 0;           // 清零UART0 RX中断标志
U0CSR |= 0X40;        //允许接收
EA = 1;               //使能全局中断
```

当UART0串口接收到数据时,UART0 RX中断标志被置1,引发中断。在主程序中不用反复进行查询中断标志,在程序中添加UART0的接收中断服务函数即可。中断服务函数代码如下:

```
#pragma vector=URX0_VECTOR     //中断向量表的设置
__interrupt void URX0_ISR(void)
{
    URX0IF = 0;//清中断标志
    receive_handler(); //调用接收数据后处理函数
}
```

(2)计算机串口发送数据控制LED闪烁周期

任务2中CC2530接收到数据控制LED1和LED2的点亮与熄灭,可以仿照此方法实现控制LED闪烁周期。

具体要求如下:

① 统一复位后LED1和LED2全部熄灭。

② 当计算机发送字符串"*27"时,LED2按照速度7闪烁。

③ 发送命令中,字符"*"是起始字符,第二个字符代表LED序号。

④ 命令中第三个字符代表速度。速度范围0~9,0表示熄灭且不闪烁;为1时速度最慢,为9时速度最快。

提示:

可以参考项目9的代码,结合中断方式接收数据编程。编写独立的LED灯闪烁函数,设置的入口参数是灯的序号和速度(延时长短)。参考代码如下:

```
// LEDn:字符 1、2 。LED_Speed: 数值 0~9
void LED_Flash(unsigned char LEDn,unsigned char LED_Speed)
{
    LED_Speed %=10;
    if(LED_Speed)
    {
    LED_Speed=10-LED_Speed;
    delay(LED_Speed*200);
    switch(LEDn)
        {
            case '1':
```

```
                LED1=!LED1;
                break;
            case '2':
                LED2=!LED2;
            break;
        }
    }
    else
    {
        LED1=0;
        LED2=0;
    }
}
```

数据接收处理函数中，如果获得完整的控制命令，则可将LED灯的序号和速度的数值计算出来。LED灯闪烁函数放置在主循环中，接收到数据后修改入口参数的值。参考代码如下：

```
//两个全局变量val_LEDn, val_LED_Speed分别选择LED灯和速度控制
unsigned char val_LEDn, val_LED_Speed;
//主循环中的代码
while(1)
{
    //其他功能代码
    LED_Flash(val_LEDn, val_LED_Speed);
}
/*****************************************************/
//数据接收处理函数中的代码
void receive_handler(void)
{
    uchari, c;
    c= U0DBUF;                    // 读取接收到的字节
    if(c == '*')
    {
            buff_RxDat[0]=c;
            uIndex=0;
    }
    else if(buff_RxDat[0]=='*')
        {
                uIndex++;
                buff_RxDat[uIndex]=c;
        }
    if(uIndex>=2)
    {
        val_LEDn=buff_RxDat[1];
        val_LED_Speed=buff_RxDat[uIndex] -'0';
```

```
            for(inti=0;i<=DATABUFF_SIZE;i++)  //清空接收到的字符串
                buff_RxDat[i] = (uchar)NULL;
        uIndex = 0;
        }
}
```

单元总结

1）CC2530具有两个串行通信接口USART0和USART1，它们能够分别运行于异步模式（UART）或同步模式（SPI）。

2）CC2530的串口通信，在UART模式提供异步串行接口，接口使用2线或者含有引脚RXD、TXD、可选RTS和CTS的4线。

3）当CC2530的UART模式提供全双工传送时，接收器中的位同步不影响发送功能。

4）传送一个UART字节包含1个起始位、8个数据位、1个作为可选项的第9位数据或者奇偶校验位再加上1个或2个停止位。

5）UART操作由USART控制和状态寄存器UxCSR以及UART控制寄存器UxUCR来控制。这里的x是USART的编号，其数值为0或者1。

6）UxBUF寄存器是双缓冲的寄存器。当数据缓冲器寄存器UxBUF写入数据时，该字节发送到输出引脚TXDx。UART接收到的数据存放在UxBUF，通过读取寄存器UxBUF获得接收到的数据字节。

7）每个USART都有两个中断：发送数据完成中断（URXxIF）和接收数据完成中断（UTXxIF）。

8）有两个DMA触发与每个USART相关。DMA触发由事件RX或者TX完成激活，请求DMA中断。可以配置DMA通道使用USART收/发缓冲器（UxBUF）作为它的源地址或者目标地址。

习题

1）什么是串行通信？串行通信有哪些分类？

2）串行异步通信的帧格式有哪几个部分？请绘图说明。

3）CC2530有哪些串口通信模式？该如何设置？

4）使用CC2530的UART 串口需要进行哪几方面的初始化操作？

5）CC2530串口接收数据的查询方式和中断方式有何区别？

6）编程实现CC2530每5s向计算机发送两个按键开关的状态信息。

学习单元⑥

单元概述

本学习单元的主要内容是CC2530单片机A-D转换模块的使用方法，介绍了电信号的形式与转换的相关知识，CC2530的ADC部分的结构、相关寄存器及其配置，通过学习本任务学生可掌握ADC的设置方法与程序编写。

学习目标

知识目标：

了解电信号的形式与转换。

了解CC2530的ADC模块的结构。

掌握CC2530的ADC的工作模式与过程。

熟悉CC2530的ADC的相关寄存器。

掌握CC2530的ADC的配置和应用。

掌握ADC模块测量外部电压的编程。

掌握测量内部温度和电源电压的编程。

技能目标：

能够根据实际应用对ADC的寄存器进行配置。

能够测量内部温度和电源电压。

能够使用ADC测量外部电压。

能够通过串口发送ADC转换后的电压值。

能够使用串口调试软件进行调试。

素质目标：

具备开阔、灵活的思维能力。

具备积极、主动的探索精神。

具备严谨、细致的工作态度。

任务 实现外部电压值的测量

编写程序实现实验板测定芯片外部光敏传感器的电压，通过串口发送电压值。实验板安装上光线传感器，光线的强弱转换成电压的高低，经ADC转换以后通过串口将电压值发送给计算机，可以通过串口调试软件读取电压值。每发送一次电压值的字符串消息，LED1闪亮一次。具体工作方式如下：

① 通电后LED1熄灭。

② UART0初始化。

③ 设置ADC。

④ LED1点亮。

⑤ 开启单通道ADC。

⑥ ADC对通道0进行模数转换测量电压。

⑦ 发送字符串"光照传感器电压值"与测量电压值。

⑧ LED1熄灭。

⑨ 延时一段时间，延时时间可以设置为3s。

⑩ 返回步骤④循环执行。

任务分析

本任务主要是实现测量外部电压并通过串口通信发送到计算机，需要知道CC2530是如何设置ADC模块相关寄存器，如何对测量的电压进行转换，如何设定转换精度，如何通过串口通信发送传感器相关参数。

建议学生带着以下问题去进行本任务的学习和实践。

● 模拟信号和数字信号有哪些区别？

● CC2530的ADC需要设置哪些寄存器？如何设置？

● CC2530的模数转换精度及如何处理数据？

● CC2530如何测量电源电压和芯片温度？

● 如何使用ADC序列转换实现多通道电压值的测量？

● 如何编写控制串口数据发送的程序？

扫码看视频

1．电信号的形式与转换

信息是指客观事物属性和相互联系特性的表征，它反映了客观事物的存在形式和运动状态。表示信息的形式可以是数值、文字、图形、声音、图像以及动画等。信号是信息的载体，是运载信息的工具，信号可以是光信号、声音信号、电信号。电话网络中的电流就是一种电信号，人们可以将电信号经过发送、接收以及各种变换，传递双方要表达的信息。数据是把事件的属性规范化以后的表现形式，它能被识别，可以被描述，是各种事物的定量或定性的记录。信号数据可以表示任何信息，如文字、符号、语音、图像、视频等。

从电信号的表现形式上，可以分为模拟信号和数字信号。

（1）模拟信号

模拟信号是指用连续变化的物理量所表达的信息，是在时域上数学形式为连续函数的信号。如温度、湿度、压力、长度、电流、电压等，通常把模拟信号称为连续信号，它在一定的时间范围内可以有无限多个不同的取值。模拟信号如图6-1所示。

（2）数字信号

数字信号指自变量是离散的、因变量也是离散的信号，这种信号的自变量用整数表示，因变量用有限数字中的一个数字来表示，在计算机中，数字信号的大小常用有限位的二进制数表示。由于数字信号是用两种物理状态来表示0和1的，故其抵抗材料本身干扰和环境干扰的能力都比模拟信号强很多；在现代技术的信号处理中，数字信号发挥的作用越来越大，几乎复杂的信号处理都离不开数字信号，只要能把解决问题的方法用数学公式表示，就能用计算机来处理代表物理量的数字信号。数字信号如图6-2所示。

图6-1　模拟信号

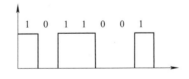

图6-2　数字信号

（3）A-D转换

A-D转换通常简写为ADC，是将输入的模拟信号转换为数字信号。各种被测控的物理量（如速度、压力、温度、光照强度、磁场等）是一些连续变化的物理量，传感器将这些物理量转换成与之相对应的电压和电流就是模拟信号。单片机系统只能接收数字信号，要处理这些信号就必须把它们转换成数字信号。模拟/数字转换是数字测控系统中必须的信号转换。

（4）模拟信号与数字信号的区别与联系

模拟信号和数字信号最主要的区别是一个是连续的，一个是离散的。不同的数据必须转换为相应的信号才能进行传输：模拟数据一般采用模拟信号，例如，用一系列连续变化的电磁波（如广播中的电磁波），或电压信号（如电话传输中的音频电压信号）来表示；数字数据则采用数字信号，例如，用一系列断续变化的电压脉冲（如可用恒定的正电压表示二进制数1，用恒定的负电压表示二进制数0），或用光脉冲来表示。当模拟信号采用连续变化的电磁波来表示时，电磁波本身既是信号载体，又是传输介质；而当模拟信号采用连续变化的信号电压来表示时，它一般通过传统的模拟信号传输线路（如电话网、有线电视网）来传输。当数字信号采用断续变化的电压或光脉冲来表示时，一般需要用双绞线和光纤介质等将通信双方连接起来，才能将信号从一个节点传到另一个节点。

模拟信号与数字信号的联系在于它们都是用来传递信息的，而且在一定条件下，模拟信号可以转换为数字信号，数字信号也可以转换为模拟信号。

2. CC2530的ADC模块

CC2530的ADC模块支持最高14位二进制的模拟数字转换，具有12位的有效数据位。它包括一个模拟多路转换器，具有8个各自可配置的通道；以及一个参考电压发生器。转换结果通过DMA写入存储器，还具有多种运行模式。ADC模块结构如图6-3所示。

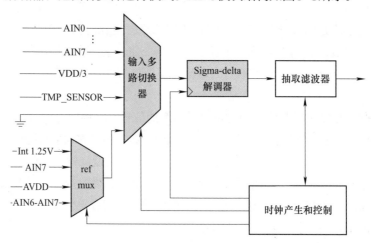

图6-3　LED与CC2530连接电路图

CC2530的ADC模块有如下主要特征：

① 可选的抽取率，设置分辨率（7～12位）。

② 8个独立的输入通道，可接收单端或差分信号。

③ 参考电压可选为内部单端、外部单端、外部差分或AVDD5。

④ 转换结束产生中断请求。

⑤ 转换结束时可发出DMA触发。

⑥ 可以将片内温度传感器作为输入。

⑦ 电池电压测量功能。

扫码看视频

3. ADC的工作模式

（1）ADC模块的输入

对于CC2530的ADC模块，P0引脚可以配置为ADC输入端，依次为AIN0～AIN7。可以把输入配置为单端或差分输入。在选择差分输入的情况下，差分输入包括输入对AIN0-

AIN1、AIN2-AIN3、AIN4-AIN5和AIN6-AIN7。除了输入引脚AIN0～AIN7，片上温度传感器的输出也可以选择作为ADC的输入用于温度测量；还可以输入一个对应AVDD5/3的电压作为一个ADC输入，在应用中这个输入可以实现一个电池电压监测器的功能。特别提醒，负电压和大于VDD（未调节电压）的电压都不能用于这些引脚。它们之间的转换结果是在差分模式下每对输入端之间的电压差值。

8位模拟量输入来自I/O引脚，不必通过编程将这些引脚变为模拟输入，但是，当相应的模拟输入端在APCFG寄存器中被禁用时，此通道将被跳过。当使用差分输入时，相应的两个引脚都必须在APCFG寄存器中设置为模拟输入引脚。APCFG寄存器见表6-1。

表6-1　APCFG模拟I/O配置寄存器

位	名称	复位	R/W	描述
7:0	APCFG[7:0]	0x00	R/W	模拟外设I/O配置 APCFG[7:0]选择P0_7～P0_0作为模拟I/O 0：模拟I/O禁用 1：模拟I/O使用

单端电压输入AIN0～AIN7以通道号码0～7表示。通道号码8～11表示差分输入，它们分别是由AIN0 - AIN1、AIN2 - AIN3、AIN4 - AIN5和AIN6 - AIN7组成。通道号码12～15分别用于GND（12）、预留通道（13）、温度传感器（14）和AVDD5/3（15）。

（2）序列ADC转换与单通道ADC转换

CC2530的ADC模块可以按序列进行多通道的ADC转换，并把结果通过DMA传送到存储器，而不需要CPU任何参与。

转换序列可以由APCFG寄存器设置，八位模拟输入来自I/O端口，不必经过编程变为模拟输入。如果一个通道是模拟I/O端口输入，它就是序列的一个通道，如果相应的模拟输入在APCFG中禁用，那么此I/O通道将被跳过。当使用差分输入时，处于差分对的两个引脚都必须在APCFG寄存器中设置为模拟输入引脚。

寄存器位ADCCON2. SCH用于定义一个ADC转换序列。如果ADCCON2. SCH设置为一个小于8的值，则ADC转换序列从0通道开始进行ADC转换，直到转换完ADCCON2. SCH中所设置的通道号码（例如，ADCCON2. SCH中设置的值为3，ADC转换序列将依次对通道0、通道1、通道2和通道3进行转换）。当ADCCON2. SCH设置为一个在8～12的值时，转换序列包括从通道8开始差分输入，到ADCCON2. SCH所设置的通道号码结束。

除可以设置为按序列进行ADC转换之外，CC2530的ADC模块可以编程实现任何单个通道执行一个转换，包括温度传感器（14）和AVDD5/3（15）两个通道。单通道ADC转换通过写ADCCON3寄存器触发，转换立即开始。除非一个转换序列已经正在进行，在这种情况下序列一旦完成，单个通道的ADC转换就会被执行。

4．ADC的相关寄存器

ADC有两个数据寄存器：ADCL(0xBA) - ADC数据低位寄存器、ADCH(0xBB) - ADC数据高位寄存，见表6-2和表6-3。ADC有三个控制寄存器：ADCCON1、ADCCON2和ADCCON3，见表6-4～表6-6。这些寄存器用来配置ADC并返回转换结果。

表6-2 ADCL（0xBA）-ADC数据低位寄存器

位	位名称	复位值	操作	描述
7:2	ADC[5:0]	0000 00	R	ADC转换结果的低位部分
1:0	–	00	R0	没有使用。读出来一直是0

表6-3 ADCH(0xBB)-ADC数据高位寄存器

位	位名称	复位值	操作	描述
7:0	ADC[13:6]	0x0000	R	ADC转换结果的高位部分

表6-4 ADCCON1-ADC控制寄存器

位	位名称	复位值	操作	描述
7	EOC	0	R/H0	转换结束。当ADCH被读取的时候清除。如果已读取前一数据之前，完成一个新的转换，则EOC位仍然为高 0：转换没有完成 1：转换完成
6	ST	0		开始转换。读为1，直到转换完成 0：没有转换正在进行 1：如果ADCCON1.STSEL=11并且没有序列正在运行，则启动一个转换序列
5:4	STSEL[1:0]	11	R/W1	启动选择。选择该事件，将启动一个新的转换序列 00：P2_0引脚的外部触发 01：全速。不等待触发器 10：定时器1通道0比较事件 11：ADCCON1.ST=1
3:2	RCTRL[1:0]	00	R/W	控制16位随机数发生器。当写入01时，在LFSR完成一次操作后，此设置值将自动变为00 00：正常运行。（13X型展开） 01：时钟驱动LFSR执行一次（没有展开） 10：保留 11：停止。关闭随机数发生器
1:0	–	11	R/W	保留。一直设为11

表6-5 ADCCON2-ADC控制寄存器

位	位名称	复位值	操作	描述
7:6	SREF[1:0]	00	R/W	选择用于序列转换的参考电压 00：内部参考电压 01：AIN7引脚上的外部参考电压 10：AVDD5引脚 11：AIN6-AIN7差分输入外部参考电压
5:4	SDIV[1:0]	01	R/W	设置转换序列通道的抽取率。抽取率也决定完成转换需要的时间和分辨率 00：64抽取率(7位ENOB) 01：128抽取率(9位ENOB) 10：256抽取率(10位ENOB) 11：512抽取率(12位ENOB)

（续）

位	位名称	复位值	操作	描述
3:0	SCH[3:0]	0000	R/W	序列通道选择 当读取的时候，这些位将代表有转换进行的通道号码 0000：AIN0 0001：AIN1 0010：AIN2 0011：AIN3 0100：AIN4 0101：AIN5 0110：AIN6 0111：AIN7 1000：AIN0–AIN1 1001：AIN2–AIN3 1010：AIN4–AIN5 1011：AIN6–AIN7 1100：GND 1110：温度传感器 1111：VDD/3

表6-6 ADCCON3-ADC控制寄存器

位	位名称	复位值	操作	描述
7:6	SREF[1:0]	00	R/W	选择用于单通道转换的参考电压 00：内部参考电压 01：AIN7引脚上的外部参考电压 10：AVDD5引脚 11：AIN6–AIN7差分输入外部参考电压
5:4	SDIV[1:0]	01	R/W	为单通道ADC转换设置抽取率。抽取率也决定完成转换需要的时间和分辨率 00：64抽取率(7位ENOB) 01：128抽取率(9位ENOB) 10：256抽取率(10位ENOB) 11：512抽取率(12位ENOB)
3：0	SCH[3:0]	0000	R/W	单个通道选择。选择写ADCCON3触发的单个转换所在的通道号码。当单个转换完成，该位自动清除 0000：AIN0 0001：AIN1 0010：AIN2 0011：AIN3 0100：AIN4 0101：AIN5 0110：AIN6 0111：AIN7 1000：AIN0–AIN1 1001：AIN2–AIN3 1010：AIN4–AIN5 1011：AIN6–AIN7 1100：GND 1110：温度传感器 1111：VDD/3

扫码看视频

5．ADC的配置和应用

ADC有三种控制寄存器：ADCCON1、ADCCON2和ADCCON3。这些寄存器用于配置ADC以及读取ADC转换的状态。

ADCCON1.EOC位是一个状态位，当一个转换结束时，设置为高电平；当读取ADCH时，它就被清除。

ADCC.ON1.ST用于启动一个转换序列。当没有转换正在运行时这个位设置为高电平，ADCCON1.STSEL是11，就启动一个序列。当这个序列转换完成时，ADCCON1.ST就被自动清0。

ADCCON1.STSEL位用来选择使用哪种情况来启动一个新的转换序列。可以选择的选项为：P2_0引脚出现外部触发、之前转换序列转换结束（全速运行）、定时器1的通道0比较事件或ADCCON1.ST为1时。

ADCCON2寄存器设置转换序列的执行方式。ADCCON2.SREF用于选择参考电压。ADCCON2.SDIV位用来选择抽取率，抽取率的设置决定分辨率和完成一个转换所需的时间。ADCCON2.SCH设置转换序列的最后一个通道数。

ADCCON3寄存器控制单个转换的通道号码、参考电压和抽取率。该寄存器位的设置选项和ADCCON2是完全一样的。单通道转换在寄存器ADCCON3写入后将立即发生，如果一个转换序列正在进行，则该序列结束之后立即启动ADC转换。

任务实施

1．电路分析

将光敏电阻传感器模块安装在节点电路板上，光敏电阻的阻值大小会按照环境光线的变化而变化，经串联的电阻R16分压后连接在CC2530的19引脚。第19引脚是CC2530的片内ADC模块的0通道输入端，通过测量输入的电压来感知环境光照的强弱。电路连接情况如图6-4所示。

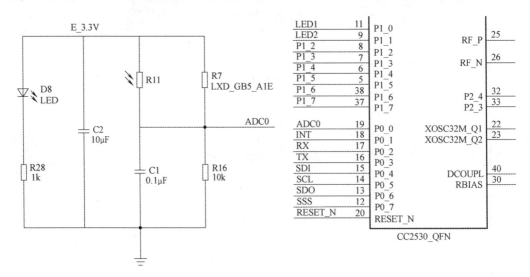

图6-4　测量光敏电阻传感器输出电压

2．代码设计

（1）建立工程

建立本任务的工程项目，在项目添加名为"ADC_GZ.c"的代码文件。

（2）编写代码

根据任务要求，可将串口发送数据到计算机的工程项目用流程图进行表示，如图6-5所示。

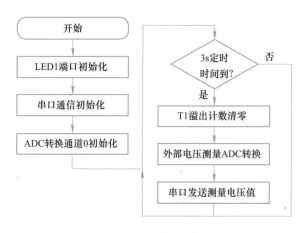

图6-5　LED控制流程

1）引用CC2530头文件。

#include "ioCC2530.h" //引用CC2530头文件

2）ADC初始化函数。

ADC转换会在写入ADCCON2或ADCCON3时启动。ADC测量芯片外部电压的初始化主要是模拟量输入端口的设置。本项目测量通道0的芯片外部电压，ADC初始化函数定义如下：

```
/****************************************************************
函数名称：adc_Init
功能：对ADC模块进行初始化
void adc_Init(void)
{
    APCFG  |=1;
    P0SEL  |= (1 << (0));
    P0DIR  &= ~(1 << (0));
}
```

3）读取ADC转换电压值函数Get_val（）。

单通道的ADC转换，只需将控制字写入ADCCON3即可。采用基准电压avdd5：3.3V，通道0，对应的控制字代码如下：

```
ADCCON3 = (0x80 | 0x10 | 0x00);
```

ADCCON3控制寄存器一旦写入控制字，ADC转换就会启动，使用while（）语句查询

ADC中断标志位ADCIF，等待转换结束，代码如下：

```
while ( !ADCIF )
{
            ; //等待A-D转换结束
}
```

ADC转换结束，读取ADCH、ADCL并进行电压值的计算。采用基准电压3.3V，测得电压值Value与ADCH、ADCL的计算关系是：

Value = （ADCH*256+ADCL）*3.3 /32768

电压值计算的实现代码如下：

```
value = ADCH;
value = value<< 8;
value |= ADCL;
value = (value * 330); // 电压值 = (value*3.3)/32768 （V）
value = value >> 15;   //除以32 768
```

通过ADC获取外部0通道电压的函数get_adc()完整代码如下：

```
uint16 get_adc(void)
{
    uint32 value;
    ADCIF = 0;  //清ADC 中断标志
    ADCCON3 = (0x80 | 0x10 | 0x00);
    while ( !ADCIF )        ; //等待A-D转换结束
    value = ADCH;
    value = value<< 8;
    value |= ADCL;
    value = (value * 330);
    value = value >> 15;       // 除以32 768
    // 返回分辨率为0.01V的电压值
    return (uint16)value;
}
```

4）设计主功能代码。

根据任务要求，端口设置初始化和ADC模块初始化完成后，定时器中断服务函数在进行0.2s的溢出计数。主功能通过无限循环，每3s进行一次电压测量和数据传送。主循环部分的实现代码如下：

```
while(1)
{
    if(counter>=15)     //定时器每0.2s溢出中断计次
        {
        counter=0;      //清标志位
        LED1 = 1;    //指示灯点亮
```

```
        Get_val();
        UART0SendString("光照传感器电压值  ");
        UART0SendString(s);
        LED1 = 0;    //指示灯熄灭
        }
    }
```

CC2530的ADC模块测量外部电路通道0的电压，并通过串口发送电压值。整个任务实现的完整代码如下：

```
/* 包含头文件 */
#include "ioCC2530.h"
#include <string.h>
#define LED1 P1_0        // P1_0定义为P1_0 LED灯端口
#define uint16 unsigned short
#define uint32 unsigned long
#define uint unsigned int

unsigned int flag,counter=0; //统计溢出次数
unsigned char s[8];//定义一个数组大小为8

void InitLED( )
{
    P1SEL&=~0X01;            //P1_0设置为普通的IO端口 1111 1110
    P1DIR |= 0x01;           //配置P1_0的方向为输出
    LED1=0;
}

void adc_Init(void)
{
    APCFG |=1;
    P0SEL |= 0x01;
    P0DIR &= ~0x01;
}
/****************************************************************
* 名称：get_adc
* 功能：读取ADC通道0电压值
* 入口参数：无
* 出口参数：16位电压值，分辨率为10mV
****************获取ADC通道0电压值*********************/
uint16 get_adc(void)
{
    uint32 value;
    ADCIF = 0;    //清ADC 中断标志
```

```
    //采用基准电压avdd5:3.3V，通道0，启动A-D转换
    ADCCON3 = (0x80 | 0x10 | 0x00);
    while ( !ADCIF )
    {
            ;  //等待A-D转换结束
    }
    value = ADCH;
    value = value<< 8;
    value |= ADCL;
    value = (value * 330);// 电压值 = (value*3.3)/32 768 （V）
    value = value >> 15;  // 除以32768
    return (uint16)value;// 返回分辨率为0.01V的电压值
}
/**********串口通信初始化**********************/
void initUART0(void)
{
    PERCFG = 0x00;
    P0SEL = 0x3c;
    U0CSR |= 0x80;
    U0BAUD = 216;
    U0GCR = 10;
    U0UCR |= 0x80;
    UTX0IF = 0; // 清零UART0 TX中断标志
    EA = 1;  //使能全局中断
}


/****************************************************
* 函数名称：inittTimer1
* 功能：初始化定时器T1控制状态寄存器
*****************定时器初始化***************************/
void inittTimer1()
{
    CLKCONCMD &= 0x80;  //时钟速度设置为32MHz
    T1CTL = 0x0E; // 配置128分频，模比较计数工作模式，并开始运行
    T1CCTL0 |= 0x04; //设定timer1通道0比较模式
    T1CC0L =50000 & 0xFF;   // 把50 000的低8位写入T1CC0L
    T1CC0H = ((50000 & 0xFF00) >> 8); //把50 000的高8位写入T1CC0H

    T1IF=0;                //清除timer1中断标志(同IRCON &= ~0x02)
    T1STAT &= ~0x01; //清除通道0中断标志

    TIMIF &= ~0x40;  //不产生定时器1的溢出中断
    //定时器1的通道0的中断使能T1CCTL0.IM默认使能
```

```
    IEN1 |= 0x02;    //使能定时器1的中断
    EA = 1;          //使能全局中断
}
/*************************************************************
* 函数名称：UART0SendByte
* 功能：UART0发送一个字节
* 入口参数：c
* 出口参数：无
* 返回值：无
*************************************************************/
void UART0SendByte(unsigned char c)
{
    U0DBUF = c;         // 将要发送的1字节数据写入U0DBUF
    while (!UTX0IF) ;   // 等待TX中断标志，即U0DBUF就绪
    UTX0IF = 0;         // 清零TX中断标志
}


/*************************************************************
* 函数名称：UART0SendString
* 功能：UART0发送一个字符串
* 入口参数：*str
* 出口参数：无
* 返回值：无
*************************************************************/
void UART0SendString(unsigned char *str)
{
    while(*str != '\0')
    {
        UART0SendByte(*str++);  // 发送1字节
    }
}

/*************获取电压值并处理数据*****************/
void Get_val()
{
    uint16 sensor_val;
    sensor_val=get_adc();
    s[0]=sensor_val/100+'0';
    s[1]='.';
    s[2]=sensor_val/10%10+'0';
    s[3]=sensor_val%10+'0';
    s[4]='V';
    s[5]='\n';
```

扫码看视频

扫码看视频

```
    s[6]='\0';
}
/************************************************
* 功能：定时器T1中断服务子程序
***********************************/
#pragma vector = T1_VECTOR //中断服务子程序
__interrupt void T1_ISR(void)
{
    EA = 0;    //禁止全局中断
    counter++;
    T1STAT &= ~0x01;   //清除通道0中断标志
    EA = 1;     //使能全局中断
}
/************************************************
* 函数名称：main
* 功能：main函数入口
* 入口参数：无
* 出口参数：无
* 返回值：无
***********************************************/
void main(void)
{
    InitLED();
    inittTimer1();  //初始化Timer1
    initUART0();  // UART0初始化
    adc_Init(); // ADC初始化
    while(1)
    {
        if(counter>=15)   //定时器每0.2s溢出中断计次
          {
          counter=0;     //清标志位
          LED1 = 1;   //指示灯点亮
          Get_val();
          UART0SendString("光照传感器电压值  ");
          UART0SendString(s);
          LED1 = 0;   //指示灯熄灭
          }
    }
}
```

编译项目，将生成的程序烧写到CC2530中，在计算机上通过串口调试软件，观察光敏电阻传感器的电压。

使用串口调试软件时应注意以下几点：

① 根据计算机串口连接情况，选择正确的串口号。如果使用USB转串口线连接，则需要安装好驱动程序，通过计算机的设备管理器查找出正确的串口号。

② 选择正确的串口参数。波特率为57 600bit/s，无奇偶校验，一位停止位。

③ 接收模式选择文本模式。

计算机串口调试截图如图6-6所示。

图6-6 ADC测量外部同电压—光照传感器

利用ADC测量芯片内部温度

CC2530芯片的ADC模块有一个芯片温度传感输入通道，通道编号是14。使用1.25V内部参考电压，12位分辨率。编程实现测量芯片内部温度并通过UART0串口发送到计算机。

提示：

测量芯片温度，ADC转换信号在芯片内部，不需要项目9中的输入端通道设置。直接将控制字写入ADCCON3即可启动单通道ADC转换。设置使用1.25V内部参考电压，12位分辨率，通道15的程序参考代码如下：

```
ADCCON3 |=0x3E;
```

转换结束后，转换结果存放在ADCH、ADCL中，其中低两位二进制数无效，温度值的计算公式：

$$Temperature=（ADCH*256+ADCL）/4*0.06229-311.43$$

实现温度计算公式的程序参考代码如下：

```
Temperature = ADCL;
Temperature |= ((int)ADCH <<8);    //8位转为16位
Temperature > =2;
Temperature=Temperature*0.06229-311.43; //根据公式计算出温度值
```

单元总结

1）CC2530的ADC模块支持多达14位的模拟数字转换，具有最高12位有效数字位。

2）CC2530的ADC模块包含一个模拟多路转换器，8个各独立配置的模拟量输入通道，以及一个基准电压发生器。

3）CC2530的ADC模块可以把输入配置为单端或差分输入。

4）CC2530的ADC模块可以按序列进行多通道的ADC转换，并把结果通过DMA传送到存储器。

5）CC2530的ADC模块具有片内温度传感器作输入和片外电池电压测量功能。

6）单通道转换在寄存器ADCCON3写入控制字后，如果没有转换序列正在进行，则ADC转换会立即启动。

习题

1）什么是模拟数字转换？模拟数字转换有哪些作用？

2）CC2530的ADC模块输入模式有哪些？各有什么特点？

3）CC2530的ADC模块有哪几种工作模式？

4）如何使用ADC序列转换实现多通道电压值的测量？

5）CC2530如何测量电源电压和芯片温度？

学习单元 ⑦

看门狗应用

单元概述

本学习单元的主要学习内容是CC2530单片机看门狗定时器（WDT）的使用，通过任务来学习看门狗的特性、作用和相关寄存器的配置。

学习目标

知识目标:

了解看门狗定时器的特性。

了解看门狗定时器的工作原理。

掌握CC2530看门狗定时器的工作模式。

掌握CC2530看门狗相关寄存器的配置方式。

技能目标:

能够配置和运用看门狗。

素质目标:

具备开阔、灵活的思维能力。

具备积极、主动的探索精神。

具备严谨、细致的工作态度。

| 任务 | 实现自动复位 |

任务要求

使用CC2530看门狗定时器来控制LED1进行周期性闪烁，实现自动复位。具体要求如下：

① LED1周期性闪烁时间间隔为1s。

② 看门狗定时器工作在看门狗模式。

任务分析

本任务要求实现LED1自动复位，使用看门狗定时器来实现该功能。需要知道看门狗定时器的工作模式及寄存器的配置方法。

建议学生带着以下问题进行本任务的学习和实践。

● 什么是看门狗？

● 看门狗是如何工作的？

● 看门狗有哪些工作模式？

● 如何使用看门狗？

必备知识

1．看门狗简介

（1）看门狗的概念

看门狗定时器（Watch Dog Timer，WDT）是单片机的一个组成部分，它实际上是一个计数器，一般给看门狗一个大数，程序开始运行后看门狗开始倒计数。如果程序运行正常，则过一段时间CPU应发出指令让看门狗复位，重新开始倒计数。如果看门狗减到0就认为程序没有正常工作，强制使整个系统复位。

（2）看门狗的功能

看门狗是在软件跑"飞"的情况下CPU自恢复的一个方式，当软件在选定的时间间隔内不能置位看门狗定时器（WDT），WDT就复位系统。看门狗可用于电噪声、电源故障或静电放电等恶劣工作环境或高可靠性要求的环境。如果系统不需要应用看门狗，则WDT可配置成间隔定时器，在选定时间间隔内产生中断。

2．CC2530的看门狗模块

CC2530的看门狗定时器具有以下特性：

扫码看视频

① 四个可选的定时器间隔。

② 看门狗模式。

③ 定时器模式。

④ 在定时器模式下产生中断请求。

WDT可被配置为看门狗定时器或一般定时器。WDT模块的执行由WDCTL控制。看门狗定时器缓存器由1个15位计数器构成，时钟源为32kHz时钟。注意，实验者不能访问该15位计数器的内容。在所有功耗模式下，15位计数器的内容将被保留。在重新进入工作模式后计数器将继续计数。

（1）看门狗模式

在系统复位之后，看门狗定时器就被禁用。要设置WDT在看门狗模式，必须设置WDCTL. MODE[1:0]位为10。然后看门狗定时器的计数器从0开始递增。在看门狗模式下，一旦定时器使能，就不可以禁用定时器，因此，如果WDT 位已经运行在看门狗模式下，再向WDCTL. MODE[1:0]写入00或10就不起作用了。

WDT运行在一个频率为32.768kHz（通常使用32.768kHz外部晶振作为看门狗的时钟源）的看门狗定时器时钟上。这个时钟频率的超时期限等于1.9ms、15.625ms、0.25s和1s，分别对应64、512、8 192和32 768的计数值设置。如果计数器达到选定定时器的间隔值，则看门狗定时器就为系统产生一个复位信号。如果在计数器达到选定定时器的间隔值之前，执行了一个看门狗清除序列，计数器就复位到0，并继续递增。看门狗清除的序列包括在一个看门狗时钟周期内，写入0xA到WDCTL. CLR[3:0]，然后写入0x5到同一个寄存器位。如果这个序列没有在看门狗周期结束之前执行完毕，则看门狗定时器就为系统产生一个复位信号。

当看门狗模式下WDT使能时，不能通过写入WDCTL. MODE[1:0]位改变这个模式，且定时器间隔值也不能改变。

在看门狗模式下，WDT不会产生中断请求。

（2）定时器模式

要在一般定时器模式下设置WDT，必须把WDCTL. MODE[1:0]位设置为11。定时器开始，且计数器从0开始递增。当计数器达到选定间隔值，CPU将IRCON2. WDTIF置1，如果IEN2. WDTIE=1且IEN0. EA=1，则定时器将产生一个中断请求（IRCON2. WDTIF/IEN2. WDTIE）。

在定时器模式下，可以通过写入1到WDCTL. CLR[0]来清除定时器内容。当定时器被清除时，计数器的内容就置为0。写入00或01到WDCTL. MODE[1:0]来停止定时器，并清除它为0。

定时器间隔由WDCTL. INT[1:0]位设置。在定时器操作期间，定时器间隔不能改变，且当定时器开始时必须设置。在定时器模式下，当达到定时器间隔时，不会产生复位。

注意，如果选择了看门狗模式，则定时器模式不能在芯片复位之前选择。

3. CC2530看门狗的相关寄存器

CC2530看门狗的控制寄存器为WDCTL，其功能描述见表7-1。

表7-1　CC2530看门狗定时器控制寄存器WDCTL（0xC9）

位	位名称	复位值	操作	描述
7:4	CLR[3:0]	0000	R0/W	清除定时器。当0xA跟随0x5写到这些位，定时器被清除（即加载0）。注意，定时器仅写入0xA后，在1个看门狗时钟周期内写入0x5时被清除。当看门狗定时器是IDLE位时写这些位没有影响。当运行在定时器模式时，定时器可以通过写1到CLR[0]（不管其他3位）被清除为0x0000（但是不停止）
3:2	MODE[1:0]	00	R/W	模式选择。该位用于启动WDT处于看门狗模式还是定时器模式。当处于定时器模式时，设置这些位为IDLE将停止定时器。注意，当运行在定时器模式时要转换到看门狗模式，首先停止WDT，然后启动WDT处于看门狗模式。当运行在看门狗模式时，写这些位没有影响 00：IDLE 01：IDLE（未使用，等于00设置） 10：看门狗模式 11：定时器模式
1:0	INT[1:0]	00	R/W	定时器间隔选择。这些位选择定时器间隔定义为32 kHz振荡器周期的规定数。注意间隔只能在WDT处于IDLE时改变，这样间隔必须在定时器启动的同时设置 00：定时周期×32,768 (~1 s)当运行在32 kHz XOSC 01：定时周期×8192 (~0.25 s) 10：定时周期×512 (~15.625 ms) 11：定时周期×64 (~1.9 ms)

4．CC2530看门狗的配置和运用

设置WDCTL. MODE[1:0]位为10，WDT即工作在看门狗模式，看门狗定时器的计数器从0开始递增。在看门狗模式下，在计数器达到选定定时器的间隔值之前，必须执行一个看门狗清除序列，使计数器复位到0，并继续递增。

当启动看门狗定时器后，它就会从0开始计数，若程序在规定的时间间隔内没有及时对其清零（喂狗），看门狗定时器就会复位系统（相当于重启），如图7-1所示。

扫码看视频

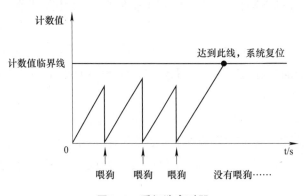

图7-1　看门狗定时器

在看门狗模式下，看门狗一旦被使能，就不能通过改变WDCTL. MODE [1:0]来改变该模式，且选定的计数器最终计数值也不能被改变。位域的值在看门狗模式下，看门狗不会产生中断请求（喂狗超时就会向系统发出一个重置信号）。

设置WDCTL. MODE [1:0] 位为11，则WDT即工作在定时器模式，看门狗定时器的计数器从0开始递增。当计数器达到选定间隔值时，CPU将IRCON2. WDTIF置1，如果IEN2. WDTIE=1且IEN0. EA=1，则定时器将产生一个中断请求（IRCON2. WDTIF/IEN2. WDTIE）。

任务实施

扫码看视频

建立本任务的工程项目，进行代码设计和调试。

1．基本设定

本任务是在看门狗模式下实现LED1闪烁周期1s的自动复位功能。

（1）定时时间间隔设置

要设定定时时间间隔为1s，首先设置系统时钟源震荡周期为32kHz，可通过时钟控制命令寄存器CLKCONCMD. OSC32K位来设定。然后设定看门狗定时器控制寄存器WDCTL. INT [1:0]为00设定时间间隔为1s。设置代码为：

```
CLKCONCMD &= 0x80;        //系统时钟源选择32kHz
WDCTL = 0x00;             //时间间隔1s
```

（2）看门狗定时器WDT工作模式设置

设置WDT为看门狗模式，设置WDCTL. MODE [1:0]位为10。设置代码为：

```
WDCTL = 0x00;             //看门狗模式
```

（3）喂狗设置

看门狗清除的序列包括在一个看门狗时钟周期内，写入0xA到WDCTL. CLR [3:0]，然后写入0x5到同一个寄存器位。即对寄存器WDCTL进行如下配置：

```
WDCTL |= 0x0A;
    WDCTL |= 0x05;
```

但本任务要求LED1周期闪烁自动复位，所以在规定的时间间隔1s内不必对其清零（喂狗）。

2．代码设计

对系统的各部分功能分别用函数实现，主函数调用各函数即可。

（1）LED初始化

```
/************************************************************
函数名称：led_Init
功能：LED初始化
入口参数：无
出口参数：无
返回值：无
*************************************************************/
```

```
void led_Init(void)
{
    P1SEL  = 0x00;           //P1为普通 I/O端口
    P1DIR |= 0x01;           //P1_0输出
    LED1 = 0;                //灭LED1
}
/*************************************************************/
```

（2）系统时钟初始化

```
/*************************************************************
函数名称：systemClock_Init
功能：系统时钟初始化
入口参数：无
出口参数：无
返回值：无
*************************************************************/
void systemClock_Init(void)
{
    unsigned char clkconcmd,clkconsta;
    CLKCONCMD &= 0x80;
    /* 等待所选择的系统时钟源(主时钟源)稳定 */
    clkconcmd = CLKCONCMD;   // 读取时钟控制寄存器CLKCONCMD
    do
    {
    clkconsta = CLKCONSTA;        // 读取时钟状态寄存器CLKCONSTA
    } while(clkconsta != clkconcmd);   // 直到选择的系统时钟源(主时钟源)已经稳定
}
/*************************************************************/
```

（3）软件延时

```
/*************************************************************
函数名称：delay
功能：软件延时
入口参数：无
出口参数：无
返回值：无
*************************************************************/
void delay(unsigned int time)
{ unsigned int i;
  unsigned char j;
  for(i = 0; i< time; i++)
  { for(j = 0; j < 240; j++)
    { asm（"NOP"）;     // asm是内嵌汇编，nop是空操作,执行一个指令周期
```

```
        asm("NOP");
        asm("NOP");
        }
    }
}
/**********************************************************/
```

（4）看门狗初始化

```
/**********************************************************
函数名称：watchdog_Init
功能：看门狗初始化
入口参数：无
出口参数：无
返回值：无
***********************************************************/
void watchdog_Init(void)
{
    WDCTL = 0x00;           //看门狗模式，时间间隔1s
    WDCTL |= 0x08;          //启动看门狗
}
/**********************************************************/
```

（5）喂狗

```
/**********************************************************
函数名称：FeedWD
功能：喂狗
入口参数：无
出口参数：无
返回值：无
***********************************************************/
void FeedWD(void)
{
    WDCTL |= 0x0A;
    WDCTL |= 0x05;
}
/**********************************************************/
```

（6）主程序

```
/**********************************************************
函数名称：main
功能：程序主函数
入口参数：无
出口参数：无
返回值：无
```

```
**********************************************************/
void main(void)
{
    systemClock_Init();
    led_Init();
    watchdog_Init();
    delay(30000);          //延时小于1s。若大于1s，则会出现什么情况?
    LED1 =1;               //亮LED1
    while(1)
    {
        // FeedWD();        //系统不断复位，小灯每隔1s闪烁一次
    }
}
/**********************************************************/
```

编译并生成目标代码，下载到实验板上运行，观察LED1的显示效果。也可以使用示波器观察LED1控制引脚的信号输出。

任务拓展

（1）拓展练习1

在此任务程序设计中，在主函数中把喂狗函数FeedWD注释掉，请把该函数加入系统重新编译下载至实验板运行，观察现象。LED1还闪烁吗？为什么？

（2）拓展练习2

使看门狗定时器WDT工作在定时器模式，控制LED1的亮/灭，具体要求如下：

① LED1亮灭时间间隔2s。

② 采用中断方式，在中断服务函数中切换一次LED1的亮灭状态。

单元总结

看门狗的使用可以总结为：选择模式→选择定时器间隔→放狗→喂狗。

（1）选择模式：

看门狗定时器有两种模式，即"看门狗模式"和"定时器"模式。

在定时器模式下，它就相当于普通的定时器，达到定时间隔会产生中断（可以在ioCC2530.h文件中找到其中断向量为WDT_VECTOR）；在看门狗模式下，当达到定时间隔时，不会产生中断，取而代之的是向系统发送一个复位信号。

本单元中，通过WDCTL.MODE位来选择为看门狗定时器模式。

（2）选择定时器间隔

有四种可供选择的时钟周期，为了测试方便，选择时间间隔为1s（即令WDCTL.INT=00）。

（3）放狗

令WDCTL.EN=1，即可启动看门狗定时器。

（4）喂狗

定时器启动之后，就会从0开始计数。在其计数值达到32 768之前（即<1s），若用以下代码喂狗，则定时器的计数值会被清0，然后它会再次从0x0000开始计数，这样就防止了其发送复位信号，表现在开发板上就是：LED1会一直亮着，不会闪烁。

```
WDCTL=0x0A;
WDCTL=0x05;
```

若不喂狗（即把此代码注释掉），那么当定时器计数达到32 768时，就会发出复位信号，程序将会从头开始运行，表现在开发板上就是：LED1不断闪烁，闪烁间隔为1s（注意，喂狗程序一定要严格与上述代码一致，顺序颠倒、写错、少写一句都将起不到清0的作用）。

习题

扫码看视频

1）什么是看门狗？

2）CC2530的看门狗定时器有哪些特性？有哪几种工作模式？

3）CC2530的看门狗定时器控制寄存器是哪个？各位的控制功能是怎样的？

4）看门狗定时器的使用流程是怎样的？

5）看门狗定时器在定时器模式时和定时/计数器有什么区别？

学习单元 ⑧

电源管理应用

单元概述

　　本学习单元的主要学习内容是CC2530单片机的电源管理应用，通过完成任务来学习CC2530电源的运行模式、电源管理控制、寄存器的配置以及系统时钟源的选择。

学习目标

知识目标：

　　了解CC2530电源管理的作用。

　　了解CC2530电源的运行模式。

　　了解CC2530的振荡器和时钟。

　　了解CC2530睡眠定时器。

　　掌握CC2530电源管理相关寄存器的配置。

技能目标：

　　能够区分CC2530电源的各种运行模式。

　　能够根据需要选择合适的时钟源。

　　能够配置和使用睡眠定时器。

　　能够根据需要选择电源的运行模式。

素质目标：

　　具备开阔、灵活的思维能力。

　　具备积极、主动的探索精神。

　　具备严谨、细致的工作态度。

任务要求

熟悉CC2530芯片的各种功耗模式以及各种功耗模式之间的切换，实现CC2530低功耗运行。具体要求如下：

① 系统初始化后处于主动模式，LED1闪5次后进入空闲状态，2s后被睡眠定时器唤醒为主动模式。

② LED2闪5次后进入PM1，3s后被睡眠定时器唤醒为主动模式。

③ LED1闪5次后进入PM2，4s后被睡眠定时器唤醒为主动模式。

④ LED2闪5次后进入PM3，等待按键SW1按下，触发外部中断，被唤醒为主动模式。

任务分析

本任务要求实现CC2530低功耗运行，需要知道CC2530电源的运行模式、各运行模式之间如何切换，并且能够对寄存器进行配置。

建议学生带着以下问题去进行本任务的学习和实践。

● CC2530电源的运行模式有哪些？

● 各运行模式之间有什么区别？

● CC2530的时钟源有哪些？

● CC2530的睡眠定时器如何使用？

● CC2530电源管理相关的寄存器如何配置？

必备知识

1. 低功耗运行的意义和实现途径

在实际运用中的CC2530节点一般是靠电池来供电，因此对其功耗的控制显得至关重要。低功耗运行是通过不同的运行模式（供电模式）使能的。超低功耗运行的实现通过关闭电源模块以避免静态（泄漏）功耗，还通过使用门控时钟和关闭振荡器来降低动态功耗。

CC2530有五种不同的运行模式（供电模式），叫作主动模式、空闲模式、PM1、PM2和PM3。不同的供电模式对系统运行的影响见表8-1，并给出了稳压器和振荡器选择。主动模式是一般模式，越靠后被关闭的功能越多，功耗也越来越低，PM3具有最低的功耗。

表8-1　供电模式

供电模式	高频振荡器	低频振荡器	稳压器（数字）
配置	A 32MHz XOSC B 16MHz RCOSC	C 32kHz XOSC D 32kHz RCOSC	
主动／空闲模式	A或B	C或D	ON
PM1	无	C或D	ON
PM2	无	C或D	OFF
PM3	无	无	OFF

主动模式：完全功能模式。稳压器的数字内核开启，16MHz RC振荡器或32MHz晶体振荡器运行，或者两者都运行。32kHz RCOSC振荡器或32kHz XOSC运行。

空闲模式：除了CPU内核停止运行（即空闲），其他和主动模式一样。

PM1：稳压器的数字部分开启。32MHz XOSC和16MHz RCOSC都不运行。32kHz RCOSC或32kHz XOSC运行。复位、外部中断或睡眠定时器过期时系统将转到主动模式。

PM2：稳压器的数字内核关闭。32MHz XOSC和16MHz RCOSC都不运行。32kHz RCOSC或32kHz XOSC运行。复位、外部中断或睡眠定时器过期时系统将转到主动模式。

PM3：稳压器的数字内核关闭。所有的振荡器都不运行。复位或外部中断时系统将转到主动模式。

CC2530低功耗官方参数见表8-2。

表8-2　CC2530低功耗官方参数

名称	数值
Low Power Active-Mode Rx	24mA
Active Mode Tx at 1 dBm	29mA
Power Mode 1	0.2mA
Power Mode 2	1μA
Power Mode 3	0.4μA
Wide Supply-Voltage Range	2～6V
关闭静态电流	0.05μA
接收静态电流	10mA
发射静态电流	17mA

（1）主动和空闲模式

主动模式是完全功能的运行模式。CPU、外设和RF收发器都是活动的。数字稳压器是开启的。主动模式用于一般操作。在主动模式下（SLEEPCMD.MODE=0x00）通过使能PCON.IDLE位，CPU内核就停止运行，进入空闲模式。所有其他外设将正常工作，且CPU内核将被任何使能的中断唤醒（从空闲模式转换到主动模式）。

（2）PM1

在PM1模式下，高频振荡器（32MHz XOSC和16MHz RCOSC）是掉电的。稳压器和使能的32kHz振荡器是开启的。当进入PM1模式，就运行一个掉电序列。由于PM1使用的上电/掉电序列较快，等待唤醒事件的预期时间相对较短（小于3ms），就使用PM1。

（3）PM2

PM2具有较低的功耗。在PM2下的上电复位时刻，外部中断、所选的32kHz振荡器和睡眠定时器外设是活动的。I/O引脚保留在进入PM2之前设置的I/O模式和输出值。所有其他内部电路是掉电的。稳压器也是关闭的。当进入PM2模式时，就运行一个掉电序列。当使用睡眠定时器作为唤醒事件，并结合外部中断时，一般就会进入PM2模式。相比较PM1，当睡眠时间超过3ms时，一般选择PM2。比起使用PM1，使用较少的睡眠时间不会降低系统功耗。

（4）PM3

PM3用于获得最低功耗的运行模式。在PM3模式下，稳压器供电的所有内部电路都关闭（基本上是所有的数字模块，除了中断探测和POR电平传感）。内部稳压器和所有振荡器也都关闭。复位（POR或外部）和外部I/O端口中断是该模式下仅有的运行功能。I/O引脚保留进入PM3之前设置的I/O模式和输出值。复位条件或使能的外部I/O中断事件将唤醒设备，使它进入主动模式（外部中断从它进入PM3的地方开始，而复位返回到程序执行的开始）。PM3使用和PM2相同的上电/掉电序列。当等待外部事件时，使用PM3获得超低功耗。当睡眠时间超过3ms时应该使用该模式。

（5）PM2和PM3模式下数据的保留

在PM2或PM3模式下，大多数内部电路是断电的。但是SRAM和内部缓存器中的内容是被保留的。除非在资料手册中另有说明（某些缓存器位域），CPU暂存器、芯片内外部设备缓存器和RF缓存器都将保留它们的内容。切换到PM2或PM3模式对于软件而言是透明的。注意，睡眠定时器的值在PM3模式下不被储存。

2．CC2530的电源管理

所需的供电模式通过使用SLEEPCMD控制寄存器的MODE位和PCON.IDLE位来选择。设置SFR寄存器的PCON.IDLE位，进入SLEEPCMD.MODE所选的模式。来自端口引脚或睡眠定时器的使能的中断或上电复位将从其他供电模式唤醒设备，使它回到主动模式。

电源管理应用

当进入PM1、PM2或PM3，就运行一个掉电序列。当设备从PM1、PM2或PM3中出来时，它在16MHz开始，如果进入供电模式（设置PCON.IDLE）且CLKCONCMD. OSC=0，则自动变为32MHz。如果进入供电模式设置了PCON.IDLE且CLKCONCMD. OSC=1，则它继续运行在16MHz。

CC2530有5种电源漠式：主动（完全清醒）、空闲（清醒，但CPU停止运行）、PM1（有点瞌睡）、PM2（半醒半睡）和PM3（睡得很死），它们之间的转化关系如图8-1所示。

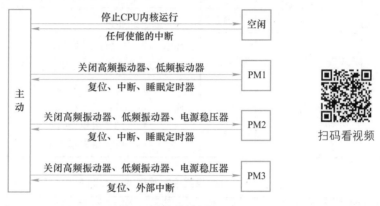

图8-1 五种运行模式转换关系

从图8-1可知，任何使能的中断都可以使系统从空闲状态唤醒到主动状态；PM1、PM2唤醒到主动/空闲模式，有三种方式：复位、外部中断和睡眠定时器中断；但把PM3唤醒到PM0，只有两种方式：复位和外部中断（因为在PM3下，所有振荡器均停止工作，睡眠定时器自然也是休眠的）。

3．CC2530电源管理的相关寄存器

CC2530电源管理寄存器有：供电模式控制寄存器PCON，见表8-3；睡眠模式控制寄存器SLEEPCMD，见表8-4；睡眠模式控制状态寄存器SLEEPSTA，见表8-5。在进入PM2或PM3时，所有寄存器位保留它们之前的值。

表8-3 供电模式控制寄存器PCON（0x87）

位	位名称	复位值	操作	描述
7:1	–	0000 000	R/W	未使用。总是写作0000 000
0	IDLE	0	R0/W	供电模式控制。写1到该位强制设备进入SLEEP.MODE（注意，MODE=0x00且IDLE = 1将停止CPU内核活动）设置的供电模式，这个位读出来一直是0。当活动时，所有的使能中断将清除这个位，设备将重新进入主动模式

表8-4　睡眠模式控制寄存器SLEEPCMD（0xBE）

位	位名称	复位值	操作	描述
7	OSC32K_CALDIS	0	R/W	禁用32 kHz RC振荡器校准 0：使能32 kHz RC振荡器校准 1：禁用32 kHz RC振荡器校准 这个设置可以在任何时间写入，但是在芯片运行在16MHz高频RC振荡器之前不起作用
6:3	–	000 0	R0	保留
2	–	1	R/W	保留。总是写作1
1:0	MODE[1:0]	00	R/W	供电模式设置 00：主动/空闲模式 01：供电模式1 10：供电模式2 11：供电模式3

表8-5　睡眠模式控制状态寄存器SLEEPSTA（0x9D）

位	位名称	复位值	操作	描述
7	OSC32K_CALDIS	0	R	禁用32 kHz RC振荡器校准 SLEEPSTA.OSC32K_CALDIS显示禁用32 kHz RC校准的当前状态。在芯片运行在32 kHz RC 振荡器之前，该位设置的值不等于SLEEPCMD.OSC32K_CALDIS。这一设置可以在任何时间写入，但是在芯片运行在16MHz高频RC振荡器之前不起作用
6:5	–	00	R	保留
4:3	RST[1:0]	XX	R	状态位，表示上一次复位的原因。如果有多个复位，寄存器只包括最新的事件 00：上电复位和掉电探测 01：外部复位 10：看门狗定时器复位 11：时钟丢失复位
2:1	–	00	R	保留
0	CLK32K	0	R	32 kHz 时钟信号（与系统时钟同步）

4. CC2530振荡器和时钟

CC2530有一个内部系统时钟或主时钟。该系统时钟的源既可以用16MHzRC振荡器，也可以采用32MHz晶体振荡器。时钟的控制可以使用CLKCONCMD SFR寄存器执行。还有一个32MHz时钟源，可以是RC振荡器或晶体振荡器，也由CLKCONCMD寄存器控制。CLKCONSTA寄存器是一个只读的寄存器，用于获得当前时钟状态。振荡器可以选择高精度的晶体振荡器，也可以选择低功耗的高频RC振荡器。注意，运行RF收发器，必须使用32MHz晶体振荡器。带有可用时钟源的时钟系统如图8-2所示。

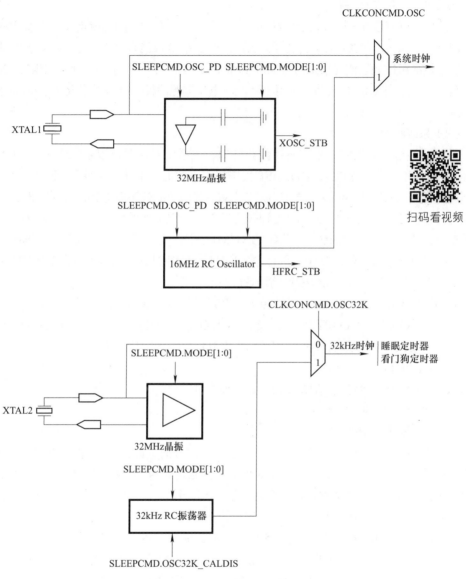

图8-2　CC2530系统时钟

扫码看视频

（1）振荡器

设备有两个高频振荡器：

① 32MHz晶体振荡器。

② 16MHz RC振荡器。

32MHz晶体振荡器启动时间对一些应用程序来说可能比较长，因此设备可以运行在16MHz RC振荡器，直到晶体振荡器稳定。16MHz RC振荡器功耗少于晶体振荡器，但是由于不像晶体振荡器那么精确，不能用于RF收发器操作。

设备的两个低频振荡器：

① 32kHz晶体振荡器。

② 32kHz RC振荡器。

32kHz XOSC用于运行在32.768kHz，为系统需要的时间精度提供一个稳定的时钟信号。校准时32kHz RCOSC运行在32.753kHz。校准只能发生在32kHz XOSC使能的时候，这个校准可以通过使能SLEEPCMD.OSC32K_CALDIS位禁用。比起32kHz XOSC解决方案，32kHz RCOSC振荡器应用于降低成本和电源消耗。这两个32kHz振荡器不能同时运行。

（2）系统时钟

系统时钟是从所选的主系统时钟源获得的，主系统时钟源可以是32MHz XOSC或16MHz RCOSC。CLKCONCMD.OSC位选择主系统时钟的源。要使用RF收发器，必须选择高速且稳定的32MHz晶振。改变CLKCONCMD.OSC位不会立即改变系统时钟。时钟源的改变首先在CLKCONSTA.OSC=CLKCONCMD.OSC的时候生效。这是因为在实际改变时钟源之前需要有稳定的时钟。CLKCONCMD.CLKSPD位反映系统时钟的频率，因此是CLKCONCMD.OSC位的映像。选择了32MHz XOSC且稳定之后，即当CLKCONSTA.OSC位从1变为0时，16MHz RC振荡器就被校准。

从16MHz时钟变到32MHz时钟源（反之亦然）与CLKCONCMD.TICKSPD的设置一致。当CLKCONCMD.OSC改变时，较慢的CLKCONCMD.TICKSPD设置导致实际源改变生效的时间较长。最快的转换是当CLKCONCMD.TICKSPD等于000时获得。

（3）32kHz振荡器

设备的两个32kHz振荡器作为32kHz时钟的时钟源：

① 32kHz XOSC。

② 32kHz RC RCOSC。

默认复位后32kHz RCOSC使能，被选为32kHz时钟源。RCOSC功耗较少，但是不如32kHz XOSC精确。所选的32kHz时钟源驱动睡眠定时器，为看门狗定时器产生标记，当计算睡眠定时器睡眠时间的时候用作定时器2的一个选通命令。选择哪个振荡器用作32kHz时钟源是通过CLKCONCMD.OSC32K寄存器位执行的。

CLKCONCMD.OSC32K寄存器位可以在任何时间写入，但是在16MHz RCOSC成为活跃的系统时钟源之前不起作用。当系统时钟从16MHz RCOSC转到32MHz XOSC（CLKCONCMD.OSC从1到0）时，32kHz RCOSC的校准开始，如果选择的是32kHz则RCOSC就开始执行。校准的结果是32kHz RCOSC运行在32.753kHz。32kHz RCOSC可能需要2ms来完成。校准可以通过设置SLEEPCMD.OSC32K_CALDIS为1禁用。校准结束时，可能在32kHz时钟源产生一个额外的脉冲，导致睡眠定时器增加1。注意，转换到32MHz XOSC后，当从PM3醒来且32MHz XOSC使能时，振荡器需要多达500ms来稳定在正确的频率。在32MHz XOSC稳定之前，睡眠定时器、看门狗定时器和时钟丢失探测器不能使用。

（4）振荡器和时钟寄存器

CC2530振荡器和时钟寄存器有：时钟控制命令寄存器CLKCONCMD，见表8-6；时钟控制状态寄存器CLKCONSTA，见表8-7。除非另有说明，在进入PM2或PM3时，所有寄存器位保留它们之前的值。

表8-6　时钟控制命令寄存器CLKCONCMD（0xC6）

位	位名称	复位值	操作	描述
7	OSC32K	1	R/W	32 kHz 时钟振荡器选择。设置该位只能发起一个时钟源改变CLKCONSTA.OSC32K反映当前的设置。当要改变该位必须选择16MHz RCOSC作为系统时钟 0：32kHz XOSC 1：32kHz RCOSC
6	OSC	1	R/W	系统时钟源选择。设置该位只能发起一个时钟源改变。CLKCONSTA.OSC 反映当前的设置 0：32MHz XOSC 1：16MHz RCOSC
5:3	TICKSPD[2:0]	001	R/W	定时器标记输出设置。不能高于通过OSC位设置的系统时钟设置 000：32MHz 001：16MHz 010：8MHz 011：4MHz 100：2MHz 101：1MHz 110：500kHz 111：250kHz 注意，CLKCONCMD.TICKSPD可以设置为任意值，但是结果受CLKCONCMD.OSC设置的限制，即如果CLKCONCMD.OSC=1且CLKCONCMD.TICKSPD=000，则CLKCONCMD.TICKSPD读出001且实际TICKSPD是16 MHz
2:0	CLKSPD	001	R/W	时钟速度。不能高于通过OSC 位设置的系统时钟设置。表示当前系统时钟频率 000：32MHz 001：16MHz 010：8MHz 011：4MHz 100：2MHz 101：1MHz 110：500kHz 111：250kHz 注意，CLKCONCMD.CLKSPD可以设置为任意值，但是结果受CLKCONCMD.OSC设置的限制，即如果CLKCONCMD.OSC=1且CLKCONCMD.CLKSPD=000，则CLKCONCMD.CLKSPD读出001且实际CLKSPD是16MHz。还要注意调试器不能和一个划分过的系统时钟一起工作。当运行调试器，且CLKCONCMD.OSC=0时，CLKCONCMD.CLKSPD的值必须设置为000，或当CLKCONCMD.OSC=1时设置为001

表8-7 时钟控制状态寄存器CLKCONSTA（0x9E）

位	位名称	复位值	操作	描述
7	OSC32K	1	R	当前选择的32kHz时钟源 0：32kHz XOSC 1：32kHz RCOSC
6	OSC	1	R	当前选择的系统时钟 0：32MHz XOSC 1：16MHz RCOSC
5:3	TICKSPD[2:0]	001	R	当前设置的定时器标记输出 000：32MHz 001：16MHz 010：8MHz 011：4MHz 100：2MHz 101：1MHz 110：500kHz 111：250kHz
2:0	CLKSPD	001	R	当前时钟速度 000：32MHz 001：16MHz 010：8MHz 011：4MHz 100：2MHz 101：1MHz 110：500kHz 111：250kHz

5．CC2530睡眠定时器

睡眠定时器用于设置系统进入和退出低功耗睡眠模式之间的周期。定时器在复位之后立即启动，如果没有中断则继续运行。定时器的当前值可以从SFR寄存器ST2:ST1:ST0中读取。睡眠定时器还用于当进入低功耗睡眠模式时，维持定时器2的定时。

睡眠定时器的主要功能如下：

① 24位的定时器正计数器，运行在32kHz（可以是RCOSC或XOSC）的时钟频率。

② 24位的比较器，具有中断和DMA触发功能。

③ 24位捕获。

（1）定时器比较

当定时器的值等于24位比较器的值，就发生一次定时器比较。通过写入寄存器ST2:ST1:ST0来设置比较值。当STLOAD.LDRDY是1时写入ST0发起加载新的比较值，即写入ST2、ST1和ST0寄存器的最新的值。加载期间STLOAD.LDRDY是0，软件不能开始一个新的加载，直到STLOAD.LDRDY回到1。读ST0将捕获24位计数器的当前值。因此，ST0寄存器必须在ST1和ST2之前读，以捕获一个正确的睡眠定时器计数值。当发生一个定时器比较时，中断标志STIF被设置。每当系统时钟出现正时钟边沿时，当前定时器的值就会被更新。因此，当从PM1/2/3（这期间系统时钟关闭）返回时，如果尚未在32kHz时钟上检测到一个正时钟边沿，ST2:ST1:ST0中的睡眠定时器值不更新，要保证读出一个最新的值，则必须在读睡眠定时器值之前，在32kHz时钟上通过轮询SLEEPSTA.CLK32K位，等待一个正的变换。

ST中断的中断使能位是IEN0.STIE，中断标志是IRCON.STIF。当运行在所有供电模式（除了PM3）时，睡眠定时器将开始运行。因此，睡眠定时器的值在PM3下不保存。在PM1和PM2下睡眠定时器比较事件用于唤醒设备，返回主动模式的主动操作。复位之后的比较值的默认值是0xFFFFFF。

（2）定时器捕获

当设置了已选I/O引脚的中断标志，且32kHz时钟检测到这一事件时，发生定时器捕获。睡眠定时器通过设置将要用作触发捕获的I/O引脚的STCC.PORT[1:0]和STCC.PIN[2:0]使能。当STCS.VALID变为高电平时，即可读STCV2:STCV1:STCV0的捕获值。捕获值多于在I/O引脚上的事件瞬间的值，因此如果时序需要，则软件必须从捕获的值中间抽取一个。要使能一个新的捕获，遵循以下步骤。

1）清除STCS.VALID。

2）等待直到SLEEPSTA.CLK32K变为低电平。

3）等待直到SLEEPSTA.CLK32K变为高电平。

4）清除P0IFG/P1IFG/P2IFG寄存器中的引脚中断标志。

这一顺序以P0_0上的上升沿为例，如图8-3所示。

当捕获使能时，不能切换输入捕获引脚。在选择一个新的输入捕获引脚之前，捕获必须禁用。要禁用捕获，遵循以下步骤：

1）禁用中断。

2）等待直到SLEEPSTA.CLK32K变为高电平。

3）设置STCC.PORT[1:0]为3，将禁用捕获。

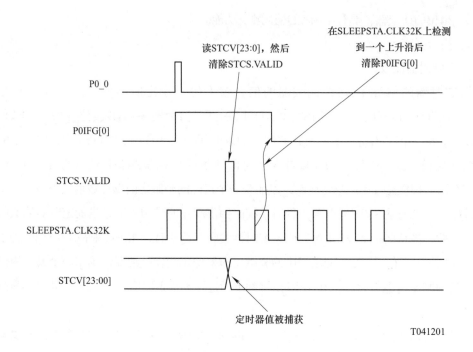

图8-3　睡眠定时器捕获（使用P0_0的上升沿为例）

（3）睡眠定时器寄存器

睡眠定时器使用的寄存器是：

① ST2——睡眠定时器2，见表8-8。

② ST1——睡眠定时器1，见表8-9。

③ ST0——睡眠定时器0，见表8-10。

④ STLOAD——睡眠定时器加载状态，见表8-11。

⑤ STCC——睡眠定时器捕获控制，见表8-12。

⑥ STCS——睡眠定时器捕获状态，见表8-13。

⑦ STCV0——睡眠定时器捕获值字节0，见表8-14。

⑧ STCV1——睡眠定时器捕获值字节1，见表8-15。

⑨ STCV2——睡眠定时器捕获值字节2，见表8-16。

表8-8　睡眠定时器2 ST2（0x97）

位	位名称	复位值	操作	描述
7:0	ST2[7:0]	0x00	R/W	休眠定时器计数/比较值。当读取时，该寄存器返回休眠定时器的高位[23:16]。当写该寄存器的值时设置比较值的高位[23:16]。在读寄存器ST0的时候值的读取是锁定的。当写ST0的时候写该值是锁定的

表8-9　睡眠定时器1 ST1（0x96）

位	位名称	复位值	操作	描述
7:0	ST1[7:0]	0x00	R/W	睡眠定时器计数/比较值。当读取的时候，该寄存器返回睡眠定时计数的中间位[15:8]。当写该寄存器的时候设置比较值的中间位[15:8]。在读取寄存器ST0的时候读取该值是锁定的。当写ST0的时候写该值是锁定的

表8-10　睡眠定时器0 ST0（0x95）

位	位名称	复位值	操作	描述
7:0	ST0[7:0]	0x00	R/W	睡眠定时器计数/比较值。当读取的时候，该寄存器返回睡眠定时计数的低位[7:0]。当写该寄存器的时候设置比较值的低位[7:0]。写该寄存器被忽略，除非STLOAD.LDRDY是1

表8-11　睡眠定时器加载状态STLOAD（0xAD）

位	位名称	复位值	操作	描述
7:1	–	0000 000	R0	保留
0	LDRDY	1	R	加载准备好。当睡眠定时器加载24位比较值时，该位是0。当睡眠定时器准备好开始加载一个新的比较值时，该位是1

表8-12　睡眠定时器捕获控制STCC（0x62B0）

位	位名称	复位值	操作	描述
7:5	–	000	R0	保留
4:3	PORT[1:0]	11	R	端口选择。有效设置值是0～2。当设置为3时为禁用捕获，即选择了一个无效设置
2:0	PIN[2:0]	111		引脚选择。当PORT[1:0]是0或1时有效设置是0～7，当PORT[1:0]是2时有效设置值是0～5。当选择了一个无效设置值时禁用捕获

表8-13　睡眠定时器捕获状态STCS（0x62B1）

位	位名称	复位值	操作	描述
7:1	–	0000 000	R0	保留
0	VALID	0	R/W	捕获有效标志。当STCV中的捕获值已被更新时设置为1。清除表示允许一个新的捕获

表8-14　睡眠定时器捕获值字节0 STCV0（0x62B2）

位	位名称	复位值	操作	描述
7:0	STCV[7:0]	0x00	R	睡眠定时器捕获值的位[7:0]

表8-15　睡眠定时器捕获值字节1 STCV1（0x62B3）

位	位名称	复位值	操作	描述
7:0	STCV[15:8]	0x00	R	睡眠定时器捕获值的位[15:8]

表8-16　睡眠定时器捕获值字节2 STCV2（0x62B4）

位	位名称	复位值	操作	描述
7:0	STCV[23:16]	0x00	R	睡眠定时器捕获值的位[23:16]

建立本任务的工程项目，进行代码设计和调试。

1.任务实现思路

本任务是实现CC2530的低功耗运行，通过前面的理论知识学习了解到CC2530有五种供电模式：主动、空闲、PM1、PM2、PM3。这五种供电模式的功耗是依次降低的。根据任务设计，要使CC2530顺序由主动模式进入其他四种低功耗模式，并且通过不同LED灯的状态来区分。程序设计流程图如图8-4所示。

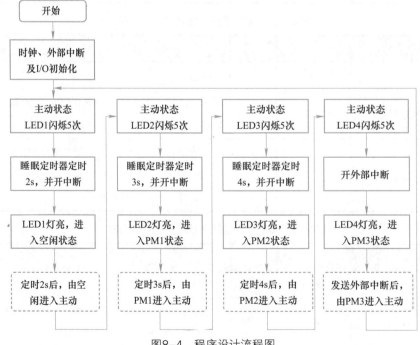

图8-4　程序设计流程图

（1）功耗模式设置

系统上电默认运行在主动模式，要进入低功耗运行，除需通过睡眠模式控制寄存器SLEEPCMD. MODE[1:0]进行设定外，还要通过对供电模式寄存器PCON. IDLE位写入1来使设备强制进入睡眠模式。设置代码为：

```
SLEEPCMD&=~ 0x03;           //空闲模式（供电模式0）
PCON |= 0x01;

SLEEPCMD&=~ 0x03;           //PM1（供电模式1）
SLEEPCMD|= 0x01;
PCON |= 0x01;

SLEEPCMD&=~ 0x03;           //PM2（供电模式2）
SLEEPCMD|= 0x02;
PCON |= 0x01;

SLEEPCMD|=~0x03;            //PM3（供电模式3）
PCON |= 0x01;
```

扫码看视频

（2）睡眠定时器定时设置

空闲模式、PM1、PM2都可以通过睡眠定时器唤醒到主动模式。但是在PM3下，所有振荡器均停止工作，睡眠定时器也是休眠的，所以PM3只能通过复位或外部中断唤醒到主动模式。在此任务中，使用32MHz晶体振荡器作为系统时钟源（主时钟源），32kHz RC振荡器作为睡眠定时器的时钟源，根据CC253x系列片上系统的数据手册可知，32kHz RC振荡器被校准在32.753kHz。

设置睡眠时间，即设置睡眠定时器的比较值。当定时器的值等于24位比较器的值时，就发生一次定时器比较。通过写入寄存器ST2:ST1:ST0来设置比较值。当STLOAD. LDRDY是1时写入ST0发起加载新的比较值，即写入ST2、ST1和ST0寄存器的最新的值。

1）定义变量sleeptime读取睡眠定时器的当前计数值。

```
sleeptime |= ST0;
sleeptime |= (unsigned long)ST1 << 8;
sleeptime |= (unsigned long)ST2 << 16;
```

2）根据指定的睡眠时间计算出应设置的比较值。

假定睡眠时间为sec，则比较值为：

```
sleeptime += ((unsigned long)sec * (unsigned long)32753);
```

3）设置比较值。

```
ST2 = (unsigned char)(sleeptime>> 16);
ST1 = (unsigned char)(sleeptime>> 8);
ST0 = (unsigned char) sleeptime;
```

2. 代码设计

对系统的各部分功能分别用函数实现，主函数调用各函数即可。下面给出实现本任务的几个关键函数。

（1）选择系统时钟源（主时钟源）

```
/*********************************************************************
函数名称：SystemClockSourceSelect
功能：选择系统时钟源(主时钟源)
入口参数：source
           XOSC_32MHz    32MHz晶体振荡器
           RC_16MHz       16MHz RC振荡器
出口参数：无
返回值：无
*********************************************************************/
void SystemClockSourceSelect(enum SYSCLK_SRC source)
{
  unsigned char clkconcmd,clkconsta;
  if(source == RC_16MHz)
  {
    CLKCONCMD &= 0x80;
    CLKCONCMD |= 0x49;
  }
  else if(source == XOSC_32MHz)
  {
    CLKCONCMD &= 0x80;
  }
  /* 等待所选择的系统时钟源(主时钟源)稳定 */
  clkconcmd = CLKCONCMD;      // 读取时钟控制寄存器CLKCONCMD
  do
  {
  clkconsta = CLKCONSTA;      // 读取时钟状态寄存器CLKCONSTA
  } while(clkconsta != clkconcmd); // 直到选择的系统时钟源(主时钟源)已经稳定
}
  /*********************************************************************/
```

（2）设置功耗模式

```
/*********************************************************************
函数名称：SetPowerMode
功能：设置功耗模式
入口参数：pm
           PM_IDLE    空闲模式
           PM_1       功耗模式PM1
           PM_2       功耗模式PM2
           PM_3       功耗模式PM3
出口参数：无
```

返回值：无

***/

```c
void SetPowerMode(enum POWERMODE pm)
{
    /* 空闲模式 */
    if(pm == PM_IDLE)
    {
        SLEEPCMD &= ~0x03;
    }
    /* 功耗模式PM3*/
    else if(pm == PM_3)
    {
        SLEEPCMD |= ~0x03;
    }
    /* 其他功耗模式，即功耗模式PM1或PM2*/
    else
    {
        SLEEPCMD &= ~0x03;
        SLEEPCMD |= pm;
    }
    /* 进入所选择的功耗模式 */
    PCON |= 0x01;
    asm( "NOP" );
}
```

/***/

（3）设置睡眠时间

/***

函数名称：SetSleepTime

功能：设置睡眠时间，即设置睡眠定时器的比较值。

入口参数：sec　　唤醒功耗模式IDLE时，PM1或PM2的时间。

出口参数：无

返回值：无

***/

```c
void SetSleepTime(unsigned short sec)
{
    unsigned long sleeptime = 0;
    /* 读取睡眠定时器的当前计数值 */
    sleeptime |= ST0;
    sleeptime |= (unsigned long)ST1 << 8;
    sleeptime |= (unsigned long)ST2 << 16;
    /* 根据指定的睡眠时间计算出应设置的比较值 */
    sleeptime += ((unsigned long)sec * (unsigned long)32753);
```

CC2530单片机技术与应用　第2版

```
    /* 设置比较值 */
    while((STLOAD & 0x01) == 0); // 等待允许加载新的比较值
    ST2 = (unsigned char)(sleeptime>> 16);
    ST1 = (unsigned char)(sleeptime>> 8);
    ST0 = (unsigned char) sleeptime;
}
/**************************************************/
```

（4）初始化系统I/O

```
/**************************************************
函数名称：initIO
功能：初始化系统I/O
入口参数：无
出口参数：无
返回值：无
**************************************************/
void initIO()
{
    P1SEL &= ~0x1F;      // 设置LED、SW1为普通I/O口
    P1DIR |= 0x03 ;      // 设置LED为输出
    P1DIR &= ~0X04;  //SW1按键在 P1_2,设定为输入
    LED1 = 0;            //灭 LED1
    LED2 = 0;            //灭 LED2
    PICTL &= ~0x02;      //配置P1端口的中断边沿为上升沿产生中断

    P1IFG &= ~0x04;      // 清除P1_2中断标志
    P1IF =0;             // 清除P1端口中断标志
}
    /**************************************************/
```

（5）外部中断

```
/**************************************************
函数名称：EINT_ISR
功能：外部中断服务函数
入口参数：无
出口参数：无
返回值：无
**************************************************/
#pragma vector=P1INT_VECTOR
__interrupt void EINT_ISR(void)
{
    EA = 0;              // 关闭全局中断
    /* 若是P1_2产生的中断 */
```

— 136 —

```
        if(P1IFG & 0x04)
        {
             /*  等待用户释放按键，并消抖 */
            while(SW1 == 0);       //低电平有效
            delay(100);
            while(SW1 == 0);

            P1IFG &= ~0x04;      // 清除P1_2中断标志
            P1IF =0;    //  清除P1端口中断标志

            P1IEN &= ~ 0x04;    //禁止P1_2中断
            IEN2 &= ~ 0x10;    //禁止P1端口中断
        }
        EA = 1;              // 使能全局中断
}
    /**********************************************************/
```

（6）睡眠定时器中断

```
/**********************************************************
函数名称：ST_ISR
功能：睡眠定时器中断服务函数
入口参数：无
出口参数：无
返回值：无
**********************************************************/
#pragma vector=ST_VECTOR
__interrupt void ST_ISR(void)
{
    EA=0;             //关全局中断
    STIF=0;            //睡眠定时器中断标志清0
    STIE=0;            // 禁止睡眠定时器中断
    EA = 1;            // 使能全局中断
} /**********************************************************/
```

（7）主程序

```
/**********************************************************
函数名称：main
功能：程序主函数
入口参数：无
出口参数：无
返回值：无
**********************************************************/
void main(void)
```

```
{
    SystemClockSourceSelect(XOSC_32MHz); // 选择32MHz晶体振荡器作为系统时钟源(主时钟源)
    initIO();   //初始化I/O
    /* 使能全局中断 */
    EA = 1;
    while(1)
    {
        /* 功耗模式：主动模式 */
        LED1=0;   //LED1灯灭
        LED2=0;   //LED2灯灭

        /* 功耗模式：空闲模式 */
        BlankLed(1);                //LED1闪烁5次
        SetSleepTime(2);            // 设置睡眠时间为2s
        IRCON &= ~0x80;             // 清除睡眠定时器中断标志
        IEN0 |= (0x01 << 5);        // 使能睡眠定时器中断
        SetPowerMode(PM_IDLE);      // 进入空闲模式

        /* 功耗模式：主动模式 */
        BlankLed(2);                //LED2闪烁5次
        /* 功耗模式：PM1 */
        SetSleepTime(3);            // 设置睡眠时间为3s
        IRCON &= ~0x80;             // 清除睡眠定时器中断标志
        IEN0 |= (0x01 << 5);        // 使能睡眠定时器中断
        SetPowerMode(PM_1);         // 进入功耗模式PM1

        /* 功耗模式：主动模式 */
        BlankLed(1);                //LED1闪烁5次
        /* 功耗模式：PM2 */
        SetSleepTime(4);            // 设置睡眠时间为4s
        IRCON &= ~0x80;             // 清除睡眠定时器中断标志
        IEN0 |= (0x01 << 5);        // 使能睡眠定时器中断
        SetPowerMode(PM_2);         // 进入功耗模式PM2

        /* 功耗模式：主动模式 */
        BlankLed(2);                //LED2闪烁5次
        /* 功耗模式：PM3 */
        P1IEN |=0x04;               //使能P1_2中断
        IEN2 |= 0x10;               //使能P1端口中断
```

```
        SetPowerMode(PM_3);        // 进入功耗模式PM3
    }
}
/*********************************************************/
```

编译并生成目标代码，下载到实验板上运行，观察LED1和LED2的显示效果。

空闲、PM1、PM2、PM3四种模式均可以通过外部中断的方式唤醒到主动模式，在此任务中，空闲、PM1、PM2三种模式是通过睡眠定时器中断唤醒。修改代码，把空闲、PM1、PM2三种模式都修改成外部中断唤醒。即：

① 系统初始化后处于主动模式，LED1小灯闪烁5次后进入空闲状态，等待按键SW1按下，触发外部中断，被唤醒为主动模式。

② LED2闪烁5次后进入PM1，等待按键SW1按下，触发外部中断，被唤醒为主动模式。

单元总结

1）CC2530有五种不同的运行模式（供电模式），叫作主动模式、空闲模式、PM1、PM2和PM3。主动模式是一般模式，越靠后，被关闭的功能越多，功耗也越来越低，PM3具有最低的功耗。

2）任何使能的中断都可以使系统从空闲状态唤醒到主动状态；PM1、PM2唤醒到主动/空闲模式，有三种方式：复位、外部中断、睡眠定时器中断；但把PM3唤醒到PM0，只有两种方式：复位和外部中断。

3）睡眠定时器用于设置系统进入和退出低功耗睡眠模式之间的周期。定时器在复位之后立即启动，如果没有中断就继续运行。定时器的当前值可以从SFR寄存器ST2:ST1:ST0中读取。睡眠定时器还用于在进入低功耗睡眠模式时，维持定时器2的定时。

4）CC2530有一个内部系统时钟或主时钟。该系统时钟的源既可以用16MHz RC振荡器，也可以采用32MHz晶体振荡器。有两个高频振荡器：32MHz晶体振荡器、16MHz RC振荡器；两个低频振荡器：32kHz晶体振荡器、32kHz RC振荡器。

5）CC2530电源管理寄存器有：供电模式控制寄存器PCON、睡眠模式控制寄存器SLEEPCMD、睡眠模式控制状态寄存器SLEEPSTA。

6）CC2530振荡器和时钟寄存器有：时钟控制命令寄存器CLKCONCMD、时钟控制状态寄存器CLKCONSTA。

7）CC2530睡眠定时器使用的寄存器是：ST2睡眠定时器2、ST1睡眠定时器1、ST0睡眠定时器0、STLOAD睡眠定时器加载状态、STCC睡眠定时器捕获控制、STCS睡眠定时捕获状态、STCV0睡眠定时器捕获值字节0、STCV1睡眠定时器捕获值字节1、STCV2睡眠定时器捕获值字节2。

习题

1）电源低功耗运行的意义？

2）CC2530的电源有哪几种运行模式？各有什么特点？

3）CC2530的振荡器和时钟源有哪些？如何选择？

4）什么是睡眠定时器？有什么作用？

5）CC2530低功耗运行时怎样回到主动模式？

学习单元 ⑨

DMA应用

单元概述

本学习单元的主要学习内容是CC2530单片机DMA的使用，通过完成任务来学习DMA的工作原理、CC2530 DMA操作和相关寄存器的配置。

学习目标

知识目标：

了解DMA的工作原理。

了解CC2530 DMA的特性。

掌握CC2530 DMA的操作流程。

掌握CC2530 DMA参数的配置方法。

技能目标：

能够配置CC2530 DMA寄存器。

能够利用CC2530 DMA进行数据传输。

素质目标：

具备开阔、灵活的思维能力。

具备积极、主动的探索精神。

具备严谨、细致的工作态度。

任务　实现DMA方式复制数据

任务要求

使用CC2530片内DMA控制器将一个字符串从源地址转移到目标地址。具体要求如下：

① 采用块传输模式，传输长度为该字符串的长度，源地址和目标地址的增量都设为1。

② 将传送的数据内容、传输是否成功的信息在计算机串口助手显示。

③ 传输过程中LED1点亮，传输成功后LED1熄灭，若传输失败则LED1保持点亮。

④ 按SW1键开始数据传送。

任务分析

本任务要求使用CC2530片内DMA控制器将一个字符串从源地址转移到目标地址，实现数据的复制。需要知道CC2530 DMA的操作流程及相关寄存器的配置方法。

建议学生带着以下问题进行本任务的学习和实践。

- 什么是DMA？
- CC2530 DMA有什么特性？
- CC2530 DMA是怎样操作的？
- CC2530 DMA寄存器是如何配置的？

必备知识

1. DMA介绍

扫码看视频

DMA（Direct Memory Access，直接存储器存取）是一种快速传送数据的机制。它允许不同速度的硬件设备通信，而不需要依赖CPU的大量中断负载。否则，CPU需要从来源把每一个片段的资料复制到暂存器，然后把它们再次写回到新的地方。在这个时间中，CPU对于其他的工作来说就无法使用。DMA传输将数据从一个地址空间复制到另外一个地址空间。当CPU初始化这个传输动作时，传输动作本身是由DMA控制器来实行和完成的。典型的例子就是移动一个外部内存的区块到芯片内部更快的内存区。类似这样的操作并没有让处理器工作拖延，反而可以被重新安排去处理其他工作。DMA传输对于高效能嵌入式系统算法和网络是很重要的。

在实现DMA传输时，是由DMA控制器直接管理总线，因此，存在着一个总线控制权转移问题。即DMA传输前，CPU要把总线控制权交给DMA控制器，而在结束DMA传输后，DMA控制器应立即把总线控制权再交回给CPU。DMA系统组成如图9-1所示。

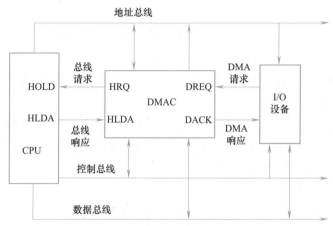

图9-1　DMA系统组成

DMA传输操作分为3个阶段：准备阶段、DMA传输阶段和结束阶段。

（1）准备阶段

在这个阶段中，CPU通过指令向DMA控制器发送必要的传输参数。

1）发送控制字到DMA控制器指出数据传输方向。

2）预置MBAP，即数据块在主存缓冲区的首地址。

3）设置DAR外设的地址。

4）预置WBC，指出数据传输的字节/字数。

（2）DMA传输阶段

DMA接口上的数据是一个个传输的，在周期挪用的控制方式下，DMA控制器主要完成以下5个操作。

1）外设准备好一次数据传输后，接口向主机发送DMA请求。

2）CPU响应DMA请求，把总线使用权让给DMA控制器。DMA控制器控制源、目的端口准备传输数据。

3）DMA周期挪用一次，交换一个数据信息。

4）归还总线使用权，修改主存地址指针和传输计数值。

5）判断这批数据是否传输完毕：是，结束该工作阶段；否，继续传输下一个数据。

（3）结束阶段

DMA在两种情况下都会进入结束阶段，一种情况是数据传输完毕，这是正常结束。另一种情况是DMA发生故障，也要进入结束阶段，这是非正常结束。不论是哪一种情况进入结束阶段，DMA都向主机发出中断请求，CPU执行服务程序查询DMA接口状态，根据状态进行不同的处理。

DMA是程序中断传输技术的发展。它在硬件逻辑机构的支持下，以更快的速度、更简便的形式传输数据。程序中断与DMA相比有以下几个不同。

1）中断方式通过程序实现数据传输，而DMA方式不使用程序直接靠硬件来实现，信息传输速度快。

2）CPU对中断的响应是在执行完一条指令之后，而对DMA的响应则可以在指令执行过程中的任何两个存储周期之间，请求响应快。

3）中断方式必须切换程序，要进行CPU现场的保护和恢复操作。DMA仅挪用了一个存储周期，不改变CPU现场，额外花销少。

4）DMA请求的优先权比中断请求高。CPU优先响应DMA请求，是为了避免DMA所连接的高速外设丢失数据。

5）中断方式不仅具有I/O数据传输能力，还能处理异常事件，DMA只能进行I/O数据传输。

总而言之，在进行I/O控制时，DMA控制方式比程序中断控制方式速度快，但程序中断控制方式的应用范围比DMA控制方式广。

2．CC2530的DMA控制器

CC2530芯片系统内置一个直接存取访问控制器（DMA控制器）。该控制器可以用来减轻8051CPU内核传送资料时的负担，从而实现高效率利用电源的条件，具有良好的整体性能功耗。只需CPU极少的处理资源，DMA控制器就可以将数据从ADC或RF收发器等外设传送到存储器。

DMA控制器协调所有的DMA传输，确保DMA请求和CPU存取之间按照优先等级协调、合理地进行。DMA控制器含有若干可编程的DMA通道，用于实现存储器之间的数据传送。DMA控制器控制整个XDATA存储空间的数据传送。由于大多数SRF寄存器被映像到DMA存储空间，包括所有外部设备的暂存器，而DMA控制器可以协调芯片内外部设备和存储器之间的数据传输，所以这些灵活的DMA信道的操作能够以创新的方式减轻CPU的负担。例如，从存储器传送资料到USART、或定期在ADC和存储器之间传送数据样本等。使用DMA还可以保持CPU在低功耗模式下与外设单元之间传送数据，不需要唤醒，这样就降低了整个系统的功耗。

CC2530DMA控制器的主要功能如下：

① 5个独立的DMA通道。

② 3个可以配置的DMA通道优先级。

③ 32个可以配置的传送触发事件。

④ 源地址和目标地址的独立控制。

扫码看视频

⑤ 支持传输数据的长度域，设置可变传输长度。

⑥ 4种传输模式：单次传送、数据块传送、重复的单次传送、重复的数据块传送。

⑦ 既可以工作在字模式，又可以工作在字节模式。

（1）CC2530 DMA操作

DMA控制器有5个通道，即DMA通道0到通道4。每个DMA通道能够从DMA存储器空间的一个位置传送数据到另一个位置，比如XDATA位置之间。为了使用DMA通道，必须首先按照规定进行配置。图9-2显示了CC2530 DMA状态图。

当DMA通道配置完毕后，在允许任何传输发起之前，必须进入工作状态。DMA通道通过在DMA通道工作状态寄存器DMAARM中指定位置1，就可以进入工作状态。一旦DMA通道进入工作状态，当配置的DMA触发事件发生时，传送就开始了。注意，一个通道准备工作状态（即获得配置数据）的时间需要9个系统时钟，因此如果相应的DMAARM位设置，则触发在需要配置通道的时间内出现，期望的触发将丢失。如果多于一个DMA通道同时进入工作状态，则所有通道配置的时间将长一些（按顺序读取内存）。如果所有5个通道都进入工作状态，则需要45个系统时钟，通道1首先准备好，然后是通道2，最后是通道0（所有都在最后8个系统时钟内）。

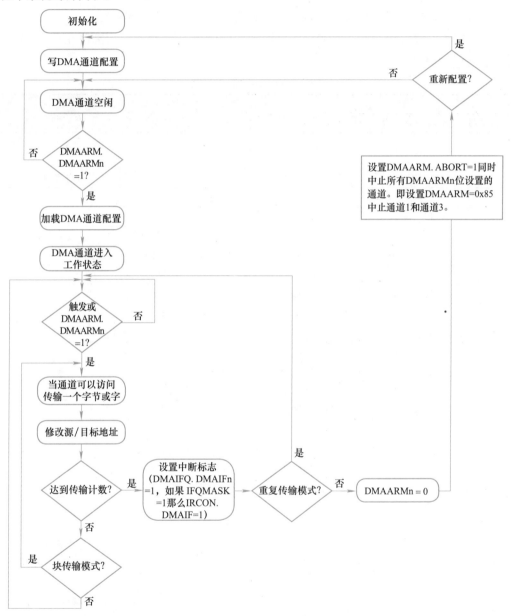

图9-2　CC2530 DMA状态图

可能的DMA触发事件有32个（见表9-1）。例如，UART传输、定时器溢出等。DMA 通道要使用的触发事件由DMA通道配置设置，因此直到配置被读取之后才能知道。为了通过DMA触发事件开始DMA传送，用户软件可以设置对应的DMAREQ位，强制使一个DMA传送开始。

应该注意如果之前配置的触发器源在DMA正在配置的时候产生了触发事件，就被当作错过的事件，一旦DMA通道准备好，则传输就立即开始。即使新配置的触发源和之前选用的触发源不同也是遵循上述原则。在一些情况下，这会导致传输错误。为了纠正这一点，应该让触发源0是重新配置期间的触发源。这通过设置虚拟源和目标地址、使用一个字节的固定长度、块传输和触发源0来实现。使能软件触发器（DMAREQ）清除错过的触发数，从存储器中取出一个新的配置之前（除非软件为该通道写DMAREQ），不产生新的触发。

　　DMAREQ位只能在相应的DMA传输发生时清除。当通道解除准备工作状态时，DMAREQ位不被清除。

表9-1　CC2530 DMA触发源

DMA触发器 号码	DMA触发器 名称	功能单元	描述
0	NONE	DMA	没有触发器，设置DMAREQ.DMAREQx位开始传送
1	PREV	DMA	DMA通道是通过完成前一个通道来触发的
2	T1_CH0	定时器1	定时器1，比较，通道0
3	T1_CH1	定时器1	定时器1，比较，通道1
4	T1_CH2	定时器1	定时器1，比较，通道2
5	T2_EVENT1	定时器2	定时器2，事件脉冲1
6	T2_	EVENT2	定时器2，事件脉冲2
7	T3_CH0	定时器3	定时器3，比较，通道0
8	T3_CH1	定时器3	定时器3，比较，通道1
9	T4_CH0	定时器4	定时器4，比较，通道0
10	T4_CH1	定时器4	定时器4，比较，通道1
11	ST	睡眠定时器	睡眠定时器比较
12	IOC_0	I/O控制器端口	I/O引脚输入转换
13	IOC_1	I/O控制器端口	I/O引脚输入转换
14	URX0	USART0	USART 0接收完成
15	UTX0	USART0	USART 0发送完成
16	URX1	USART1	USART 1接收完成
17	UTX1	USART1	USART 1发送完成
18	FLASH	闪存控制器写	闪存数据完成
19	RADIO	无线模块	接收RF字节包
20	ADC_CHALL	ADC	ADC结束一次转换，采样已经准备好
21	ADC_CH11	ADC	ADC结束通道0的一次转换，采样已经准备好
22	ADC_CH21	ADC	ADC结束通道1的一次转换，采样已经准备好
23	ADC_CH32	ADC	ADC结束通道2的一次转换，采样已经准备好
24	ADC_CH42	ADC	ADC结束通道3的一次转换，采样已经准备好
25	ADC_CH53	ADC	ADC结束通道4的一次转换，采样已经准备好
26	ADC_CH63	ADC	ADC结束通道5的一次转换，采样已经准备好
27	ADC_CH74	ADC	ADC结束通道6的一次转换，采样已经准备好
28	ADC_CH84	ADC	ADC结束通道7的一次转换，采样已经准备好
29	ENC_DW	AES	AES加密处理器请求下载输入数据
30	ENC_UP	AES	AES加密处理器请求上传输出数据
31	DBG_BW	调试接口	调试接口突发写

（2）停止DMA传输

使用DMAARM寄存器来解除DMA通道工作状态，停止正在运行的DMA传送或进入工作状态的DMA。将1写入DMAARM.ABORT寄存器位，就会停止一个或多个进入工作状态的DMA通道，同时通过设置相应的DMAARM.DMAARMx为1选择停止哪个DMA通道。当设置DMAARM.ABORT为1时，非停止通道的DMAARM.DMAARMx位必须写入0。

（3）DMA中断

每个DMA通道可以配置为一旦完成DMA传送，就产生中断到CPU。该功能由IRQMASK位在通道配置时实现。当中断产生时，SFR寄存器DMAIRQ中所对应的中断标志位置1。一旦DMA通道完成传送，不管在通道配置中IRQMASK位是何值，中断标志都会置1。这样，当通道重新进入工作状态且IRQMASK的设置改变时，软件必须总是检测（并清除）这个寄存器。如果这样做失败，那么将会根据存储的中断标志产生一个中断。

（4）DMA配置数据结构

对于每个DMA通道，DMA数据结构由8个字节组成。配置数据结构描述见表9-2。

表9-2　CC2530 DMA配置数据结构

字节偏移量	位	名称	描述
0	7:0	SRCADDR[15:8]	DMA通道源地址，高位
1	7:0	SRCADDR[7:0]	DMA通道源地址，低位
2	7:0	DESTADDR[15:8]	DMA通道目的地址，高位。请注意，闪存存储器不能直接写入
3	7:0	DESTADDR[7:0]	DMA通道目的地址，高位。请注意，闪存存储器不能直接写入
4	7:5	VLEN[2:0]	可变长度传输模式。在字模式中，第一个字的12:0位被认为是传送长度的 000：采用LEN作为传送长度 001：传送由第一个字节/字+1指定的字节/字的长度(上限到由LEN指定的最大值)。因此，传输长度不包括字节/字的长度 010：传送通过第一个字节/字指定的字节/字的长度(上限到由LEN指定的最大值)。因此，传输长度包括字节/字的长度 011：传送通过第一个字节/字+2指定的字节/字的长度(上限到由LEN指定的最大值)。因此，传输长度不包括字节/字的长度 100：传送通过第一个字节/字+3指定的字节/字的长度(上限到由LEN指定的最大值)。因此，传输长度不包括字节/字的长度 101：保留 110：保留 111：使用LEN作为传输长度的备用

（续）

字节偏移量	位	名称	描述
4	4:0	LEN[12:8]	DMA的通道传送长度 当VLEN从000到111时采用最大允许长度。当处于WORDSIZE模式时，DMA通道数以字为单位，否则以字节为单位
5	7:0	LEN[7:0]	DMA的通道传送长度 当VLEN从000到111时采用最大允许长度。当处于WORDSIZE 模式时，DMA通道数以字为单位，否则以字节为单位
6	7	WORDSIZE	选择每个DMA传送是采用8位(0) 还是16位(1)
6	6:5	TMODE[1:0]	DMA通道传送模式： 00：单个 01：块 10：重复单一 11：重复块
6	4:0	TRIG[4:0]	选择要使用的DMA触发 0 0000：无触发(写到DMAREQ仅仅是触发) 0 0001：前一个DMA通道完成 0 0010 – 1 1110：选择表9-1中展示的一个触发。触发的选择按照表中序号
7	7:6	SRCINC[1:0]	源地址递增模式(每次传送之后)： 00：0字节/字 01：1字节/字 10：2字节/字 11：-1字节/字
7	5:4	DESTINC[1:0]	目的地址递增模式(每次传送之后)： 00：0字节/字 01：1字节/字 10：2字节/字 11：-1字节/字
7	3	IRQMASK	该通道的中断屏蔽 0：禁止中断发生 1：DMA通道完成时使能中断发生
7	2	M8	采用VLEN的第8位模式作为传送单位长度；仅应用在WORDSIZE=0且VLEN从000到111时 0：采用所有8位作为传送长度 1：采用字节的低7位作为传送长度
7	1:0	PRIORITY[1:0]	DMA通道的优先级别： 00：低级，CPU优先 01：保证级，DMA至少在每秒一次的尝试中优先 10：高级，DMA优先 11：保留

（5）DMA存储访问

DMA数据传输被端约定影响。注意，DMA描述符遵循大端格式约定，而其他描述符遵循小端格式约定。这必须在编译器中说明，方法如下：

```
#pragma bitfields = reversed    //使用大端格式
//代码段……
#pragma bitfields = default    //恢复成小端格式
```

3．CC2530的DMA相关寄存器

CC2530DMA控制器相关的SFR寄存器有：DMA通道进入工作状态寄存器DMAARM（见表9-3）、DMA通道开始请求和状态寄存器DMAREQ（见表9-4）、DMA通道0配置地址高字节寄存器DMA0CFGH（见表9-5）、DMA通道0配置地址低字节寄存器DMA0CFGL（见表9-6）、DMA配置通道1-4的高字节地址寄存器DMA1CFGH（见表9-7）、DMA配置通道1-4的低字节地址寄存器DMA1CFGL（见表9-8）和DMA中断标志寄存器DMAIRQ（见表9-9）。

表9-3　DMA通道进入工作状态寄存器DMAARM（0xD6）

位	位名称	复位值	操作	描述
7	ABORT	0	R0/W	DMA停止。此位是用来停止正在进行的DMA传输。通过设置相应DMAARM位为1，写1到该位停止所有选择的通道 0：正常运行 1：停止所有选择的通道
6:5	—	00	R/W	不使用
4	DMAARM4	0	R/W1	DMA进入工作状态通道4 为了任何DMA传输能够在该通道上发生，该位必须置1。对于非重复传输模式，一旦完成传送，该位自动清0
3	DMAARM3	0	R/W1	DMA进入工作状态通道3 为了任何DMA传输能够在该通道上发生，该位必须置1。对于非重复传输模式，一旦完成传送，该位自动清0
2	DMAARM2	0	R/W1	DMA进入工作状态通道2 为了任何DMA传输能够在该通道上发生，该位必须置1。对于非重复传输模式，一旦完成传送，该位自动清0
1	DMAARM1	0	R/W1	DMA进入工作状态通道1 为了任何DMA传输能够在该通道上发生，该位必须置1。对于非重复传输模式，一旦完成传送，该位自动清0
0	DMAARM0	0	R/W1	DMA进入工作状态通道0 为了任何DMA传输能够在该通道上发生，该位必须置1。对于非重复传输模式，一旦完成传送，该位自动清0

表9-4 DMA通道开始请求和状态寄存器DMAREQ（0xD7）

位	位名称	复位值	操作	描述
7:5	—	000	R0	不使用
4	DMAREQ4	0	R/W1	DMA传送请求，通道4 当设置为1时，激活DMA通道(与一个触发事件具有相同的效果)。当DMA传输开始时清除该位
3	DMAREQ3	0	R/W1	DMA传送请求，通道3 当设置为1时，激活DMA通道(与一个触发事件具有相同的效果)。当DMA传输开始时清除该位
2	DMAREQ2	0	R/W1	DMA传送请求，通道2 当设置为1时，激活DMA通道(与一个触发事件具有相同的效果)。当DMA传输开始时清除该位
1	DMAREQ1	0	R/W1	DMA传送请求，通道1 当设置为1时，激活DMA通道(与一个触发事件具有相同的效果)。当DMA传输开始时清除该位
0	DMAREQ0	0	R/W1	DMA传送请求，通道0 当设置为1时，激活DMA通道(与一个触发事件具有相同的效果)。当DMA传输开始时清除该位

表9-5 DMA通道0配置地址高字节寄存器DMA0CFGH（0xD5）

位	位名称	复位值	操作	描述
7:0	DMA0CFG[15:8]	0x00	R/W	DMA通道0配置地址，高位字节

表9-6 DMA通道0配置地址低字节寄存器DMA0CFGL（0xD4）

位	位名称	复位值	操作	描述
7:0	DMA0CFG[7:0]	0x00	R/W	DMA通道0配置地址，低位字节

表9-7 DMA通道1-4高字节地址寄存器DMA1CFGL（0xD3）

位	位名称	复位值	操作	描述
7:0	DMA1CFG[15:8]	0x00	R/W	DMA通道1-4配置地址，高位字节

表9-8 DMA通道1-4低字节地址寄存器DMA1CFGL（0xD2）

位	位名称	复位值	操作	描述
7:0	DMA1CFG[7:0]	0x00	R/W	DMA通道1-4配置地址，低位字节

表9-9 DMA中断标志寄存器DMAIRQ（0xD1）

位	位名称	复位值	操作	描述
7:5	—	000	R/W0	不使用
4	DMAIF4	0	R/W0	DMA通道4中断标志 0：DMA通道传送未完成 1：DMA通道传送完成/中断未决
3	DMAIF3	0	R/W0	DMA通道3中断标志 0：DMA通道传送未完成 1：DMA通道传送完成/中断未决
2	DMAIF2	0	R/W0	DMA通道2中断标志 0：DMA通道传送未完成 1：DMA通道传送完成/中断未决
1	DMAIF1	0	R/W0	DMA通道1中断标志 0：DMA通道传送未完成 1：DMA通道传送完成/中断未决
0	DMAIF0	0	R/W0	DMA通道0中断标志 0：DMA通道传送未完成 1：DMA通道传送完成/中断未决

4．CC2530的DMA配置和运用

DMA通道在使用之前，必须进行参数的配置。五个DMA通道每一个的行为通过下列参数配置：

源地址：DMA通道要读的数据的首地址。

目标地址：DMA通道从源地址读出的要写数据的首地址。必须确认该目标地址可写。

传送长度：在DMA通道重新进入工作状态或者解除工作状态之前，以及警告CPU即将有中断请求到来之前要传送的长度。长度可以在配置中定义，也可以如下所述定义为VLEN设置。

可变长度（VLEN）设置：DMA通道可以利用源数据中的第一个字节或字作为传送长度进行可变长度传输。

使用可变长度传输时，要给出关于如何计算要传输的字节数的各种选项。

优先级别：DMA通道的DMA传送的优先级别与CPU、其他DMA通道和访问端口相关。

触发事件：所有DMA传输通过所谓的DMA触发事件来发起。这个触发可以启动一个DMA块传输或单个DMA传输。除了已经配置的触发，DMA通道总是可以通过设置它的指定DMAREQ.DMAREQx标志来触发。

源地址和目标地址增量：源地址和目标地址可以控制为增量或减少，或不改变。

传送模式：传送模式确定传送是否是单个传输或块传输，或是它们的重复传输。

字节传送或字传送：确定每个DMA传输应该是8位（字节）或是16位（字）。

中断屏蔽：在完成DMA通道传送时，产生一个中断请求。这个中断屏蔽位控制中断产生是使能还是禁用。

M8：这个域的值，决定是否采用7位还是8位长的字节来传送数据。此模式仅适用于字节传送。

（1）源地址

DMA通道开始读数据的地址。在XDATA存储器中，这可以是任何XDATA地址——在RAM中，在映射的闪存区（cf MEMCTR.XBANK）中，XREG或XDATA寻址的SFR。

（2）目标地址

DMA通道从源地址读出的要写数据的首地址。必须确认该目标地址可写。这可以是任何XDATA地址——在RAM、XREG或XDATA寻址的SFR中。

（3）传送数量

DMA传输完成之前必须传送的字节/字的个数。当达到传送数量时，DMA通道重新进入工作状态或者解除工作状态，并警告CPU即将有中断请求到来。传送数量可以在配置中定义，或可以定义为可变长度设置。

（4）VLEN设置

DMA通道可以利用源数据中的第一个字节或字（对于字，使用位12：0）作为传送长度。这允许可变长度的传输。当使用可变长度传送时，要给出关于如何计算要传输的字节数的各种选项。在任何情况下，都是设置传送长度(LEN)为传送的最大长度。如果首字节或字指明的传输长度大于LEN，那么LEN个字节/字将被传输。当使用可变长度传输时，LEN应设置位允许传输的最大长度加一。注意，仅在选择字节长度传送数据时才可以使用M8位。VLEN选项，如图9-3所示。

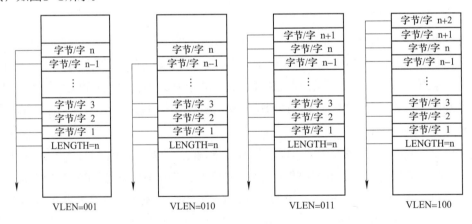

图9-3　可变长度（VLEN）传输选项

可以同VLEN一起设置的选项如下：

1）传输首字节/字规定的个数+1字节/字（先传输字节/字的长度，然后按照字节/字长度指定的传输尽可能多的字节/字）。

2）传输首字节/字规定的字节/字。

3）传输首字节/字规定的个数+2字节/字（先传输字节/字的长度，然后按照字节/字长度指定+1传输尽可能多的字节/字）。

4）传输首字节/字规定的个数+3字节/字（先传输字节/字的长度，然后按照字节/字长度指定+2传输尽可能多的字节/字）。

（5）触发事件

可以设置每个DMA通道接受单个事件的触发。这样，就可以判定DMA通道会接受哪一个事件的触发。

（6）源和目标增量

当DMA通道进入工作状态或者重新进入工作状态时，源地址和目标地址传送到内部地址指针。其地址增量可能有下列4种：

1）增量为0。每次传送之后，地址指针将保持不变。

2）增量为1。每次传送之后，地址指针将加上1个数。

3）增量为2。每次传送之后，地址指针将加上2个数。

4）减量为1。每次传送之后，地址指针将减去1个数。

其中一个数在字节模式下等于1个字节，在字模式下等于2个字节。

（7）DMA传输模式

传输模式确定当DMA通道开始传输数据时是如何工作的。有以下4种传输模式。

1）单一模式：每当触发时，发生一个DMA传送，DMA通道等待下一个触发。完成指定的传送长度后，传送结束，通报CPU，解除DMA通道的工作状态。

2）块模式：每当触发时，按照传送长度指定的若干DMA传送被尽快传送，此后通报CPU，解除DMA通道的工作状态。

3）重复的单一模式：每当触发时，发生一个DMA传送，DMA通道等待下一个触发。完成指定的传送长度后传送结束，通报CPU且DMA通道重新进入工作状态。

4）重复的块模式：每当触发时，按照传送长度指定的若干DMA传送被尽快传送，此后通报CPU，DMA通道重新进入工作状态。

（8）DMA优先级

DMA优先级别对每个DMA通道是可以配置的。DMA优先级别用于判定同时发生的多个内部存储器请求中的哪一个优先级最高，以及DMA存储器存取的优先级别是否超过同时发生的CPU存储器存取的优先级别。

在同属内部关系的情况下采用轮转调度方案应对，确保所有的存取请求。有以下3种级别的DMA优先级。

1）高级：最高内部优先级别。DMA存取总是优先于CPU存取。

2）一般级：中等内部优先级别。保证DMA存取至少在每秒一次的尝试中优先于CPU存取。

3）低级：最低内部优先级别。DMA存取总是劣于CPU存取。

（9）字节或字传输

判定已经完成的传送究竟是8位（字节）还是16位（字）。

（10）中断屏蔽

在完成DMA传送的基础上，该DMA通道能够产生一个中断请求。这个位可以屏蔽该中断。

（11）模式8设置

这个域的值决定了是采用7位还是8位长的字节来传送数据。此模式仅适用于字节传送。

DMA通道参数（诸如地址模式、传送模式和优先级别等）必须在DMA通道进入工作状态之前配置并激活。参数不直接通过SFR寄存器配置，而是通过写入存储器中特殊的DMA配置数据结构中配置。对于使用的每个DMA通道，需要有它自己的DMA配置数据结构。DMA配置数据结构包含8个字节，DMA配置数据结构可以存放在由用户软件设定的任何位置，而地址通过一组SFR，DMAxCFGH:DMAxCFGL送到DMA控制器。一旦DMA通道进入工作状态，DMA控制器就会读取该通道的配置数据结构，由DMAxCFGH:DMAxCFGL地址给出。

需要注意的是，指定DMA配置数据结构开始地址的方法十分重要。这些地址对于DMA通道0和DMA通道1～4是不同的。

DMA0CFGH: DMA0CFGL给出DMA通道0配置数据结构的开始地址。

DMA1CFGH: DMA1CFGL给出DMA通道1配置数据结构的开始地址，其后跟着通道2-4配置数据结构。

因此DMA控制器希望DMA通道1-4的DMA配置数据结构存在于存储器连续的区域内，以DMA1CFGH:DMA1CFGL所保存的地址开始，包含32个字节。

任务实施

建立本任务的工程项目，进行代码设计和调试。

1．任务实现思路

本任务是用CC2530片内DMA控制器实现数据的复制，同时将信息在计算机串口助手显示，用LED1灯的亮灭表示成功与否。根据任务要求：

（1）配置DMA

首先必须配置DMA，DMA的配置不是直接对某些SFR赋值，而是在外部定义一个结构体，再对结构体赋值，然后再将此结构体的首地址的高8位赋给DMA0CFGH，将其低8位赋给DMA0CFGL。结构体定义如下：

```
/*****************************************************************
typedef struct
{
    unsigned char SRCADDRH;        // 源地址高字节
    unsigned char SRCADDRL;        // 源地址低字节
    unsigned char DESTADDRH;       // 目标地址高字节
    unsigned char DESTADDRL;       // 目标地址低字节
    unsigned char VLEN      : 3;   // 可变长度传输模式选择
    unsigned char LENH      : 5;   // 传输长度高字节
    unsigned char LENL      : 8;   // 传输长度低字节
    unsigned char WORDSIZE  : 1;   // 字节/字传输
```

扫码看视频

```
        unsigned char TMODE    : 2;   // 传输模式选择
        unsigned char TRIG     : 5;   // 触发事件选择
        unsigned char SRCINC   : 2;   // 源地址增量
        unsigned char DESTINC  : 2;   // 目标地址增量
        unsigned char IRQMASK  : 1;   // 中断使能
        unsigned char M8       : 1;   // 7/8 bits 字节(只用于字节传输模式)
        unsigned char PRIORITY : 2;   // 优先级
} DMA_CONFIGURATIONPARAMETERS;
**********************************************************/
```

注意，此结构体要使用大端格式，即在定义该结构体前通知编译器切换成大端格式，在定义完结构体后切换回小端格式。

```
#pragma bitfields = reversed    //使用大端格式
//结构体定义
#pragma bitfields = default    //恢复成小端格式
```

（2）启用配置

首先将结构体的首地址的高/低8位分别赋给SFR DMA0CFGH和DMA0CFGL（其中的0表示对信道0配置，CC2530包含5个DMA信道，此处使用信道0）。然后对DMAARM.0赋值1，启用信道0的配置，使信道0处于工作模式。

```
DMAARM = 0x01; //使DMA通道0进入工作状态
```

（3）开启DMA传输

对DMAREQ.0赋值1，启动通道0的DMA传输。

```
DMAREQ = 0x01;//触发DMA传输
```

（4）等待DMA传输完毕

通道0的DMA传输完毕后，就会触发中断，通道0的中断标志DMAIRQ.0会被自动置1。然后对两个字符串的每一个字符进行比较，将校验结果发送至计算机串口助手上显示。

```
while((DMAIRQ & 0x01) == 0);//等待DMA传输完成
```

2．代码设计

对系统的各部分功能分别用函数实现，主函数调用各函数即可。下面给出实现该任务的几个关键函数：

（1）系统初始化

```
/*********************************************************
函数名称：init IO
功能：初始化系统I/O
入口参数：无
出口参数：无
返回值：无
**********************************************************/
void initIO(void)
{    P1SEL &= ~0x05;   // 设置LED1、SW1为普通I/O口
```

```
        P1DIR |= 0x001 ;     // 设置LED1在P1_0为输出
        P1DIR &= ~0X04;           //SW1按键在P1_2,设定为输入
        LED1= 0;         // LED灭
}
    /*****************************************************************/
```

（2）串口初始化

```
    /*****************************************************
函数名称：initUART0
功能：UART0初始化
P0_2  RX
P0_3  TX
波特率：57 600bit/s
数据位：8
停止位：1
奇偶校验：无
入口参数：无
出口参数：无
返回值：无
    *****************************************************/

void initUART0(void)
{
        PERCFG = 0x00;          //位置 1 P0 口
        P0SEL = 0x3c; //P0 用作串口, P0_2、P0_3、P0_4、P0_5作为片内外设I/O
        /* UART0波特率设置，波特率：57 600bit/s */
        U0BAUD = 216;
        U0GCR = 10;
        /* USART模式选择 */
        U0CSR |= 0x80; // UART模式
        U0UCR |= 0x80; // 进行USART清除
        UTX0IF = 0; // 清零UART0 TX中断标志
        EA = 1;  //使能全局中断
}
    /*****************************************************************/
```

（3）发送字节

```
    /*****************************************************
函数名称：UART0SendByte
功能：UART0发送一个字节
入口参数：无
出口参数：无
返回值：无
    *****************************************************/

void UART0SendByte(unsigned char c)
```

扫码看视频

```
{
    U0DBUF = c;      // 将要发送的1字节数据写入U0DBUF(串口 0 收发缓冲器)
    while (!UTX0IF); // 等待TX中断标志，即U0DBUF就绪
    UTX0IF = 0;      // 清零TX中断标志
}
/***********************************************************/
```

（4）发送字符串

```
/**********************************************************
函数名称：UART0SendString
功能：UART0发送一个字符串
入口参数：无
出口参数：无
返回值：无
***********************************************************/
void UART0SendString(unsigned char *str)
{
    while(1)
    {
        if(*str == '\0') break; // 遇到结束符，退出
        UART0SendByte(*str++);  // 发送一个字节
    }
} /***********************************************************/
```

（5）主程序

```
/**********************************************************
函数名称：main
功能：程序主函数
入口参数：无
出口参数：无
返回值：无
***********************************************************/
void main(void)
{
    SystemClockSourceSelect(XOSC_32MHz);
    initIO(); // IO端口初始化
    initUART0(); //初始化端口
    /* 定义DMA源地址空间并初始化为将被DMA传输的字符串数据 */
    unsigned char srcStr[]="块传送数据：DMA transfer.";
    /* 定义DMA目标地址空间 */
    unsigned char destStr[sizeof(srcStr)];

    /* 定义DMA配置数据结构体变量 */
    DMA_CONFIGURATIONPARAMETERS dmaCH;
```

```
/* 设置DMA配置参数 */
/* 源地址 */
dmaCH.SRCADDRH = (unsigned char)(((unsigned short)(&srcStr)) >> 8);
dmaCH.SRCADDRL = (unsigned char)(((unsigned short)(&srcStr)) & 0x00FF);
/* 目标地址 */
dmaCH.DESTADDRH = (unsigned char)(((unsigned short)(&destStr)) >> 8);
dmaCH.DESTADDRL = (unsigned char)(((unsigned short)(&destStr)) &0x00FF);
/* 可变长度模式选择 */
dmaCH.VLEN = 0x00;     // 使用DMA传输长度
/* 传输长度 */
dmaCH.LENH = (unsigned char)(((unsigned short)(sizeof(srcStr))) >> 8);
dmaCH.LENL = (unsigned char)(((unsigned short)(sizeof(srcStr))) & 0x00FF);
/* 字节/字模式选择 */
dmaCH.WORDSIZE = 0x00; // 字节传输
/* 传输模式选择 */
dmaCH.TMODE = 0x01;    // 块传输模式
/* 触发源选择 */
dmaCH.TRIG = 0x00;     // 通过写DMAREQ来触发
/* 源地址增量 */
dmaCH.SRCINC = 0x01;   // 每次传输完成后源地址加1字节/字
/* 目标地址增量 */
dmaCH.DESTINC = 0x01;  // 每次传输完成后目标地址加1字节/字
/* 中断使能 */
dmaCH.IRQMASK = 0x00;  // 禁止DMA产生中断
/* M8 */
dmaCH.M8 = 0x00;       // 1个字节为8比特
/* 优先级设置 */
dmaCH.PRIORITY = 0x02; // 高级

/* 使用DMA通道0 */
DMA0CFGH = (unsigned char)(((unsigned short)(&dmaCH)) >> 8);
DMA0CFGL = (unsigned char)(((unsigned short)(&dmaCH)) & 0x00FF);
while(1)
    {
        /**************给srcStr赋值**************/
        sprintf(srcStr,"块传送数据：DMA transfer.");

        /* 在计算机串口助手上显示DMA传输的源地址和目标地址 */
        unsigned char s[31];
```

```
        sprintf(s,"数据源地址: 0x%04X，",(unsigned short)(&srcStr)); //格式化字符串
        UART0SendString(s);

        sprintf(s,"目标地址: 0x%04X；",(unsigned short)(&destStr));
        UART0SendString(s);
memset(destStr, 0, sizeof(destStr));  // 清除DMA目标地址空间的内容

UART0SendString("按SW1开始DMA传送...\r\n\r\n");  // 从UART0发送字符串

/* 清除DMA中断标志 */
DMAIRQ = 0x00;

/* 使DMA通道0进入工作状态 */
DMAARM |= 0x01;

LED1=0;

/* 等待用户按下任意键(除复位键外)*/
while(SW1 == 1);

if(SW1 == 0)      //低电平有效
    {    while(SW1 == 0); //等待用户松开按键
        /* 触发DMA传输 */
        DMAREQ |= 0x01;
        LED1=1;

        /* 等待DMA传输完成 */
        while((DMAIRQ & 0x01) == 0);

        /* 验证DMA传输数据的正确性 */
        unsigned char i,errors = 0;
        for(i=0;i<sizeof(srcStr);i++)
          {
              if(srcStr[i] != destStr[i]) errors++;
          }

        /* 在计算机串口助手上显示DMA传输结果 */
        if(errors)
        {
            LED1 = 1;
```

```
            UART0SendString("传输错误! \r\n\r\n\r\n"); // 从UART0发送字符串
        }
        else
        {
          LED1 =0;
          sprintf(s,"%s 传输成功!\r\n\r\n\r\n\r\n",destStr); //格式化字符串
          UART0SendString(s); // 从UART0发送字符串
        }
      }
    }
}
/*********************************************************/
```

编译并生成目标代码,下载到实验板上运行,观察LED1的显示效果。若编译正确,则计算机的串口助手显示如图9-4所示。

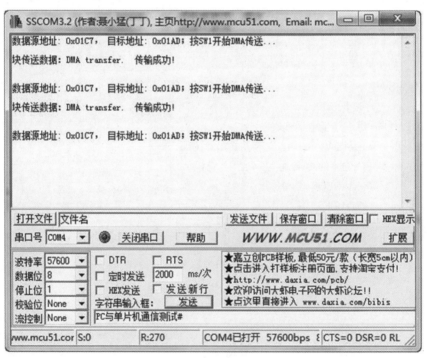

图9-4 串口助手显示

任务拓展

（1）拓展练习1

此任务程序设计点按SW1键开始数据传送,修改代码实现:

① 按下SW1开始数据传送,松开SW1停止传送数据。

② 传输成功,LED1灯闪烁（周期1s）；若传输失败,则LED1灯灭。

（2）拓展练习2

此任务程序设计是通过通道0传送数据，重新配置寄存器，将数据通过通道1传送。

单元总结

1）CC2530DMA控制器有7种特性：5个独立的DMA通道；3个可以配置的DMA通道优先级；32个可以配置的传送触发事件；源地址和目标地址的独立控制；支持传输数据的长度域，设置可变传输长度；4种传输模式（单次传送、数据块传送、重复的单次传送、重复的数据块传送）；既可以工作在字模式，又可以工作在字节模式。

2）CC2530 DMA控制器相关的SFR寄存器有：DMA通道进入工作状态寄存器DMAARM、DMA通道开始请求和状态寄存器DMAREQ、DMA通道0配置地址高字节寄存器DMA0CFGH、DMA通道0配置地址低字节寄存器DMA0CFGL、DMA配置通道1-4的高字节地址寄存器DMA1CFGH、DMA配置通道1-4的低字节地址寄存器DMA1CFGL和DMA中断标志寄存器DMAIRQ。

3）DMA通道在使用之前，必须进行参数的配置。5个DMA通道每一个的行为通过下列11个参数配置：源地址、目标地址、传送长度、可变长度（VLEN）、优先级别、触发事件、源地址和目标地址增量、传送模式、字节传送或字传送、中断屏蔽和M8。

4）CC2530 DMA的使用基本流程可以总结为：配置DMA→启用配置→启动DMA传输→等待DMA1传输完毕。

习题

1）什么是DMA？

2）CC2530 DMA有哪些特性？有哪几种工作模式？

3）CC2530 DMA控制寄存器是哪个？各位的控制功能是怎样的？

4）CC2530 DMA的使用流程是怎样的？

5）CC2530 DMA使用前如何配置？

学习单元 ⑩
内部Flash读写应用

单元概述

　　本学习单元的主要学习内容是CC2530内部Flash的使用，通过完成任务来学习Flash的存储器组织、Flash的写入和擦除操作以及相关寄存器的配置。

学习目标

知识目标：

　　了解CC2530内部Flash的存储器组织。

　　了解CC2530内部Flash的特性。

　　掌握CC2530内部Flash的操作步骤。

　　掌握CC2530内部Flash寄存器的配置方法。

技能目标：

　　能够配置CC2530内部Flash寄存器。

　　能够利用CC2530内部Flash进行数据读写。

素质目标：

　　具备开阔、灵活的思维能力。

　　具备积极、主动的探索精神。

　　具备严谨、细致的工作态度。

任务 实现内部Flash存取数据

 任务要求

向CC253x片内FLASH BANK7的前8个字节写入8字节数据。写入之前，先进行相应的
Flash页擦除，然后通过"DMA FLASH"写操作进行数据的写入。结果如图10-1所示。

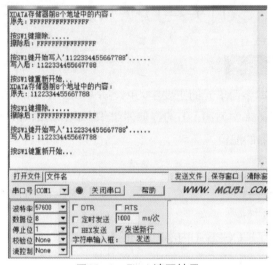

图10-1　Flash读写结果

任务分析

本任务要求实现CC2530内部Flash存取数据。需要知道CC2530 Flash的操作流程及相
关寄存器的配置方法。

建议学生带着以下问题进行本任务的学习和实践。

- CC2530 Flash有什么特性?
- CC2530 Flash存储组织是怎样的?
- CC2530 Flash是怎样进行读、写、擦除操作的?
- CC2530 Flash控制寄存器是如何配置的?

必备知识

1．CC2530内部Flash介绍

CC2530内部包含Flash存储器以存储程序代码。Flash存储器可以通过用户软件和调试
接口进行编程。

扫码看视频

Flash控制器处理写入和擦除嵌入式Flash存储器。嵌入式Flash存储器包括多达128页，每页有2048字节。

CC2530 Flash控制器有如下特性：

1）32位字可编程。

2）页面擦除。

3）锁位，用于写入保护和代码安全。

4）Flash页面擦除时间20ms。

5）Flash芯片擦除时间200ms。

6）Flash写入时间（4字节）20μs。

Flash存储器分为2048字节的Flash页面，Flash页面是存储器内可擦除的最小单元，而32位字是可以写入Flash的最小可写单元。

当执行写操作时，Flash存储器是字可寻址的，使用写入到地址寄存器FADDRH:FADDRL的一个16位地址。执行页面擦除操作时，要被擦除的Flash页面通过寄存器位FADDRH[7:1]寻址。

当被CPU访问读取代码或数据时，Flash存储器是字节可寻址的。当被Flash控制器访问时，Flash存储器是字可寻址的，其中一个字由32位组成。

2．CC2530内部Flash读操作

首先，在CC2530中有CODE、DATA、XDATA、SFR等逻辑存储空间，不同存储空间的特性总结如下。

1）CODE：程序存储器，用于存放程序代码和一些常量，有16根地址总线，所以CODE的寻址空间为0000H～FFFFH，共64KB。

2）DATA：数据存储器，用于存放程序运行过程中的数据。有8根地址总线，所以DATA的寻址空间为00H～FFH共256B。低128位可以直接寻址，高128位只能间接寻址。

3）XDATA：外部数据存储器（只能间接寻址，访问速度比较慢）。有16根地址总线，所以XDATA的寻址空间为0000H～FFFFH，共64KB。DMA是在XDATA上寻址的，这一点很重要。

4）SFR：特殊功能寄存器，就是T1CTL、EA、P0等配置寄存器存储的地方，共128KB。因为CC2530的配置寄存器比较多，所以一些多余的寄存器就放到了XREG里面。XREG的大小为1KB。XREG的访问速度比SFR慢。

这些存储空间实际是存储在3个物理存储器（Flash程序存储器、SRAM和存储映射存储器）中的。这里很明显有个问题，CODE的寻址范围只有64KB，但CC2530的Flash最大却有256KB。那怎么保证Flash的空间都能被寻址呢？为了兼容不同系列的Flash程序存储器，以32KB为一个bank单位，最大空间为256KB，划分为8个bank，编号为bank0～bank7，其中，bank0是root bank，始终占有。那么CODE寻址还剩下32K空间，因此，最多可以再映射一个bankx（x=1～7），其中，x值的选择由FMAP[2:0]数值来确定，将高位空间映射到剩下的0x8000-0xFFFF中去。也就是说，CODE空间中前32KB是固定的，而后32KB是可设置的（从Flash的BANK0～BANK7），具体配置为哪个Flash，可通过寄存器FMAP设置。

由于XDATA是可以读/写的数据存储空间，而它的XBANK区域（0x8000～0xFFFF范围）可由寄存器MEMCTR设置为Flash的任一BANK。因此，可以通过设置MEMCTR选择需要读取的BANK，然后从XDATA数据存储器中读取出来。

3．CC2530内部Flash写操作

闪存可以通过一个或多个32位（4字节）的序列连续编程，开始于起始地址（由FADDRH:FADDRL设置）。页面必须在写入开始之前擦除。页面擦除操作要设置页面中所有位为1。芯片擦除命令（通过调试接口）擦除闪存中的所有页面。这是设置闪存中的位为1的唯一方法。当写一个字到闪存，0位可以编程为0，1位被忽略（闪存中这个位不改变）。因此，位被擦除为1，可以被写为0。对一个字的写操作可以进行多次。

（1）Flash写步骤

闪存写的序列算法如下：

1）设置FADDRH:FADDRL为起始地址。

2）设置FCTL. WRITE 为1。这将启动写序列状态机制。

3）在20μs内写四次到FWDATA（一次编程需要连续写入4个字节，前3个字节每次写入后FCTL. FULL都为0，最后1个字节写入后FCTL. FULL才变为1）。注意，要从LSB开始写入。

4）等待直到FCTL. FULL变为低（闪存控制器已经开始对步骤3写入的4字节进行编程，并准备好缓冲下4个字节）。

5）可选的状态检查步骤：

① 如果步骤3）中的4字节写入不够快，操作超时，则这一步的FCTL. BUSY（和FCTL. WRITE）是0。

② 如果由于页面被锁不能写入4字节到闪存，则FCTL. BUSY（和FCTL. WRITE）是0，FCTL. ABORT是1。

6）如果这是最后4字节，就退出，否则返回步骤3）。

写入操作可以使用以下两种方式之一执行：

① 使用DMA传输（首选方法）。

② 使用CPU，运行来自SRAM的代码。

扫码看视频

闪存写操作正在进行的时候，CPU不能访问闪存，即读取程序代码。因此执行闪存写的程序代码必须从RAM执行。当从RAM执行一个闪存写操作，开始闪存写操作（FCTL. WRITE=1）之后，CPU继续从下一条指令执行代码。

当写闪存时不能进入供电模式1、2和3。而且，写的时候系统时钟源（XOSC/RCOSC）不能改变。注意，设置CLKCONSTA. CLKSPD为高值之后，就不可能符合写的时间是20μs的时间要求。如果CLKCONSTA. CLKSPD=111，则时钟周期仅为4μs。因此写闪存时建议使CLKCONSTA. CLKSPD保持在000或001。

（2）写多次到一个字

以下规则适用于擦除之后写多次到一个32位字：

1）可以两次写0到一个32位字内的一个位。这不会改变该位的状态。

2）可以写8次到一个32位字。

3）写1到一个位不会改变该位的状态。

这使得可以8次写新的4位到一个32位字。表10-1展示了写序列到一个字的例子。因此bn（n为0～7）表示每次更新到字的4位二进制数据。这一技术有益于使数据记录应用的闪存的寿命最大化。

如果每个数据样本多于4位，则可以用连续的字来存储样本。例如，对于16位样本，第一个字存储位[3:0]，字1存储位[7:4]，字2存储位[11:8]，字3存储位[15:12]。当软件要读一个样本时，可以从闪存中读四个字，合并为一个16位样本。这样，闪存的寿命可以最大化。

表10-1　写序列

步骤	写入值	写入后闪存内容	注释
1	（页面擦除）	0xFFFFFFFF	擦除设置所有位为1
2	0xFFFFFFFFb0	0xFFFFFFFFb0	只有写入0的位设置为0，而所有写入1的位被忽略
3	0xFFFFFF b1F	0xFFFFFF b1b0	只有写入0的位设置为0，而所有写入1的位被忽略
4	0xFFFFF b2FF	0xFFFFF b2 b1b0	只有写入0的位设置为0，而所有写入1的位被忽略
5	0xFFFF b3FFF	0xFFFF b3 b2 b1b0	只有写入0的位设置为0，而所有写入1的位被忽略
6	0xFFF b4FFFF	0xFFF b4 b3 b2 b1b0	只有写入0的位设置为0，而所有写入1的位被忽略
7	0xFF b5FFFFF	0xFF b5 b4 b3 b2 b1b0	只有写入0的位设置为0，而所有写入1的位被忽略
8	0xF b6FFFFFF	0xF b6 b5 b4 b3 b2 b1b0	只有写入0的位设置为0，而所有写入1的位被忽略
9	0x b7FFFFFFF	0x b7 b6 b5 b4 b3 b2 b1b0	只有写入0的位设置为0，而所有写入1的位被忽略

（3）DMA闪存写

当使用DMA写入操作时，要写入闪存的数据存储在XDATA存储空间（RAM或FLASH）中。一个DMA通道配置为从该存储源地址中读取要写入的数据，并把这个数据写入闪存写数据寄存器（FWDATA）固定的目标地址，DMA触发事件Flash（DMA配置中TRIG[4:0]=10010）使能。因此当闪存写入数据寄存器FWDATA准备接收新数据时，闪存控制器将触发一个DMA传输。该DMA通道必须配置为执行单一模式，字节大小的传输，源地址设置为数据块的开始，目标地址设置为固定的FWDATA（注意，配置数据中的块大小LEN必须可以被4整除，否则，最后一个字不写入闪存）。还要保证DMA通道的高优先级，这样它不会在写的进程中中断。如果中断长于20μs，则写操作可能超时，写位FCTL.WRITE被设置为0。

当DMA通道进入工作状态时，通过设置FCTL.WRITE为1将触发第一个DMA传输（DMA和闪存控制器处理传输的复位），开始一个闪存写。图10-2所示的例子展示了一个DMA

图10-2　使用DMA的闪存写

通道是如何配置的，以及如何发起一个DMA传输来写入XDATA中的一块数据到闪存存储器。

（4）CPU闪存写

要使用CPU写闪存，必须从SRAM执行一个程序，且必须实现Flash写的步骤。禁用中断以确保操作不会超时。

4．Flash页面擦除

闪存页面擦除设置页面内的所有字节为1。

通过设置FCTL.ERASE为1发起一次页面擦除。当发起一次页面擦除时，通过FADDRH[7:1]寻址的页面将被擦除。注意，如果页面擦除与页面写入同时发生，即FCTL.WRITE置1，页面擦除将在页面写入操作之前执行。可以轮询FCTL.BUSY位，来看页面擦除是否已经完成。当擦除一个页面时不能进入供电模式1、2和3。而且擦除的时候系统时钟源（XOSC/RCOSC）不能改变。

如果闪存页面擦除操作从闪存存储器内执行，且看门狗定时器使能，则必须选择大于20ms（即闪存页面擦除操作的持续时间）的看门狗定时器间隔，这样CPU可以清除看门狗定时器。

从闪存存储器中执行程序代码时，当发起一次闪存擦除或写操作时，CPU中止，当闪存控制器完成操作后，程序将从下一条指令继续执行。以下代码例子是如何使用IAR编译器擦除一个闪存页面。

```
#include <ioCC2530.h>
unsigned char erase_page_num = 3;      /* 要擦除的页面编号，这里是闪存页面#3 */
/* 擦除一个闪存页面*/
EA = 0;                                 /* 禁用中断*/
while (FCTL & 0x80);                    /* 轮询FCTL.BUSY 并等待直到闪存控制器准备好*/
FADDRH = erase_page_num<< 1;            /* 通过FADDRH[7:1]位选择闪存页面*/
FCTL |= 0x01;                           /* 设置FCTL.ERASE 位启动页面擦除*/
while (FCTL & 0x80);                    /*可选的：等待直到闪存写完成(~20 ms) */
EA = 1;                                 /* 使能中断*/
```

5．闪存DMA触发

当要写入FWDATA寄存器的闪存数据已经写入到闪存存储器的指定位置时，表示闪存控制器准备接受要写入FWDATA的新数据，激活闪存DMA触发。为了开始第一个传输，必须设置FCTL.WRITE位为1。然后DMA和闪存控制器将为定义的数据块（DMA配置中的LEN）自动处理所有传输。更重要的是DMA在设置FCTL.WRITE位之前准备好进入工作状态，触发源设置为Flash（TRIG[4:0]=10010），且DMA具有高优先级，这样传输不会被中断。如果中断长于20μs，则写操作将超时，且FCTL.WRITE位被清除。

6．CC2530内部Flash操作的相关寄存器

CC2530 Flash控制器的寄存器有：Flash控制寄存器FCTL（见表10-2）、Flash写数据寄存器FWDATA（见表10-3）、Flash地址高字节寄存器

扫码看视频

FADDRH（见表10-4）、Flash地址低字节寄存器FADDRL（见表10-5）。

表10-2　Flash控制寄存器FCTL（0x62701）

位	名称	复位	R/W	描述
7	BUSY	0	R	代表写入或者擦除操作。当设置WRITE或ERASE位时设置该标志 0：没有活跃的写入或擦除操作 1：有活跃的写入或擦除操作
6	FULL	0	R /H0	写缓存满状态。闪存写期间当4个字节已经被写入FWDATA，设置该标志。写缓存满了不接受更多数据，即当设置FULL标志时写入FWDATA被忽略。当写缓存重新准备好接收4个更多字节时，清除FULL标志。该标志仅在CPU用于写闪存时需要 0：写缓存可以接受更多数据 1：写缓存满了
5	ABORT	0	R /H0	中止状态。当一个写操作或页面擦除中止时设置该位。当访问页面被锁时操作 中止。当一个写或页面擦除开始时清除中止位
4	—	0	R	保留
3:2	CM[1:0]	01	R/W	缓存模式 00：缓存禁用 01：缓存使能 10：缓存使能，预取模式 11：缓存使能，实时模式 缓存模式。禁用缓存会增加功耗，降低性能。预取对大多数应用程序提高了性能高达33%，代价是可能增加了功耗。实时模式提供可预见的闪存读访问时间；执行时间等于缓存禁用模式下的时间，但是功耗较低 注意，读出的值总是代表当前缓存模式。写一个新的缓存模式启动一个缓存模式改变请求，可能需要一些时钟周期才能完成。如果有一个当前缓存改变请求正在进行，则写这个寄存器被忽略
1	WRITE	0	R/W1/H0	写。开始在FADDRH:FADDRL给定的位置写字。WRITE位保持1直到写完成。清除该位表示擦除已经完成，即已经超时或中止。如果ERASE也设置为1，则在写之前执行FADDRH[7:1]寻址的整个页面的一个页面擦除。当ERASE是1时，设置WRITE 为1不起作用
0	ERASE	0	R/W1/H0	页面擦除。擦除通过FADDRH[7:1]给出的页。ERASE位保持1直到写完成。清除该位表示擦除已经完成，即已经超时或中止。当WRITE是1时，设置ERASE为1不起作用

表10-3　Flash写数据寄存器FWDATA（0x6273）

位	名称	复位	R/W	描述
7:0	FWDATA[7:0]	0x00	R0/W	闪存写数据。当FCTL.WRITE为1时才能写该寄存器

表10-4　Flash地址高字节寄存器FADDRH（0x6272）

位	名称	复位	R/W	描述
7:0	FADDRH[7:0]	0x00	R/W	页面地址/闪存字地址的高位字节，位[7:1]将选择要访问的页面

表10-5　Flash地址低字节寄存器FADDRL（0x6271）

位	名称	复位	R/W	描述
7:0	FADDRL[7:0]	0x00	R/W	页面地址/闪存字地址的低位字节

任务实施

建立本任务的工程项目，进行代码设计和调试。

1．任务实现思路

本任务是向CC253x片内FLASH BANK7的前8个字节写入8字节数据。写入之前，先进行相应的Flash页（112页）擦除，然后通过DMA FLASH写操作进行数据的写入。根据任务要求：

（1）选用DMA传输

写操作有两种方式：使用DMA传输、使用CPU运行来自SRAM中的代码。实现此任务选用DMA传输，根据学习单元9中DMA的配置方法，首先在外部定义一个结构体，再对结构体赋值。结构体定义如下：

```
/******************************************************
#pragma bitfields = reversed
typedef struct
{
    unsigned char srcAddrH;
    unsigned char srcAddrL;
    unsigned char dstAddrH;
    unsigned char dstAddrL;
    unsigned char xferLenV;
    unsigned char xferLenL;
    unsigned char ctrlA;
    unsigned char ctrlB;
} flashdrvDmaDesc_t;
#pragma bitfields = default
******************************************************/
```

扫码看视频

（2）数据映射

XDATA存储空间（0x8000～0xFFFF）的较高32kB是一个只读的Flash代码区（XBANK），可以使用MEMCTR.XBANK[2:0]位映射到任何一个可用的闪存区。实现此任务需要将FLASH BANK7 映射到XDATA存储器空间的XBANK区域。

```
MEMCTR |= 0x07;
```

（3）页擦除

写入之前，先进行相应的FLASH页（112页）擦除。

```
FADDRH = 112 << 1;          // 设置FADDRH[7:1]以选择所需要擦除的页
FCTL |= 0x01;               // 设置FCTL.ERASE为1以启动一个页擦除操作
```

2. 代码设计

对系统的各部分功能分别用函数实现，主函数调用各函数即可。下面给出实现该任务的几个关键函数：

（1）写Flash

```
/***********************************************************
函数名称：FLASHDRV_Write
功能：写flash
入口参数：unsigned short addr,unsigned char *buf,unsigned short cnt
addr – flash字地址: 字节地址/4，如addr=0x1000则字节地址为0x4000
buf – 数据缓冲区.
cnt – 字数，实际写入cnt*4字节
出口参数：无
返回值：无
***********************************************************/
void FLASHDRV_Write(unsigned short addr,
unsigned char *buf,
unsigned short cnt)
{
    flashdrvDmaDesc.srcAddrH = (unsigned char) ((unsigned short)buf>> 8);
    flashdrvDmaDesc.srcAddrL = (unsigned char) (unsigned short) buf;
    flashdrvDmaDesc.dstAddrH = (unsigned char) ((unsigned short)&FWDATA >> 8);
    flashdrvDmaDesc.dstAddrL = (unsigned char) (unsigned short) &FWDATA;
    flashdrvDmaDesc.xferLenV =    (0x00 << 5) |             // use length
    (unsigned char)(unsigned short)(cnt>> 6); // length (12:8). Note that cnt is flash word
    flashdrvDmaDesc.xferLenL = (unsigned char)(unsigned short)(cnt * 4);
    flashdrvDmaDesc.ctrlA =    (0x00 << 7) | // word size is byte
    (0x00 << 5) | // single byte/word trigger mode
    18;          // trigger source is flash
    flashdrvDmaDesc.ctrlB =
    (0x01 << 6) | // 1 byte/word increment on source address
    (0x00 << 4) | // zero byte/word increment on destination address
```

```
        (0x00 << 3) | // The DMA is to be polled and shall not issue an IRQ upon completion.
        (0x00 << 2) | // use all 8 bits for transfer count
        0x02; // DMA priority high

        DMAIRQ &= ~( 1 << 0 ); // clear IRQ
        DMAARM = (0x01 <<0 ); // arm DMA

        FADDRL = (unsigned char)addr;
        FADDRH = (unsigned char)(addr>> 8);
        FCTL |= 0x02;        // Trigger the DMA writes.
        while (FCTL & 0x80);  // Wait until writing is done.
}
```
/**/

（2）初始化DMA
/**

函数名称：FLASHDRV_Init
功能：DMA初始化
入口参数：无
出口参数：无
返回值：无
**/
```
void FLASHDRV_Init(void)
{
        DMA0CFGH = (unsigned char)((unsigned short)&flashdrvDmaDesc>>8);
        DMA0CFGL = (unsigned char)(unsigned short)&flashdrvDmaDesc;
        DMAIE = 1;
}
```
（3）主程序
/**

函数名称：main
功能：程序主函数
入口参数：无
出口参数：无
返回值：无
**/
```
void main(void)
{
    /* 定义要写入FLASH的8字节数据 */
    /* 采用DMA FLASH写操作，因此该数组的首地址作为DMA通道的源地址 */
    unsigned char FlashData[8] = {0x11,0x22,0x33,0x44,0x55,0x66,0x77,0x88};
    unsigned char i;
    char s[31];
```

```
charxdat[8];
SystemClockSourceSelect(XOSC_32MHz);  // 选择32MHz晶体振荡器作为系统时钟源(主时钟源)

initIO();  // I/O端口初始化
initUART0();  //初始化端口
FLASHDRV_Init();  //初始化DMA
while(1)
{
        /* 将FLASH BANK7 映射到XDATA存储器空间的XBANK区域，即XDATA存储器空间
        0x8000~0xFFFF */
        MEMCTR |= 0x07;

        /* 在串口助手上显示相关信息 */
        UART0SendString("XDATA存储器前8个地址中的内容：\r\n");

        /* 显示XDATA存储器空间0x8000~0x8007这8个地址中的内容 */
        /* 由于之前已经将FLASH BANK7映射到了XDATA存储器空间的XBANK区域
        (0x8000~0xFFFF), 因此实际上显示的是FLASH BANK7中前8个字节存储的内容。*/
        for(i=0;i<8;i++)
    {
        xdat[i] = *(unsigned char volatile __xdata *)(0x8000 + i);
    }

    sprintf(s,"原先：%02X%02X%02X%02X%02X%02X%02X%02X \r\n\r\n",
                    xdat[0],xdat[1],xdat[2],xdat[3],xdat[4],xdat[5],xdat[6],xdat[7]);
    UART0SendString(s);
    UART0SendString("按SW1键擦除...... \r\n");
    /* 等待用户按下SW1键*/
    while(SW1 == 1);
    delay(100);
    while(SW1 == 0);                    //等待用户松开按键
    /* 擦除一个FLASH页 */
    /* 此处擦除FLASH BANK7中的第一个页，即112页, P9=112<<1 */
    EA = 0;                             // 禁止中断
    while (FCTL & 0x80);                // 查询FCTL.BUSY并等待FLASH控制器就绪
    FADDRH = 112 << 1;                  // 设置FADDRH[7:1]以选择所需要擦除的页
    FCTL |= 0x01;                       // 设置FCTL.ERASE为1以启动一个页擦除操作
    asm("NOP");
    while (FCTL & 0x80);                // 等待页擦除操作完成(大约20ms)
    EA = 1;                             // 使能中断
    /* 显示XDATA存储器空间0x8000~0x8007这8个地址中的内容 */
    for(i=0;i<8;i++)
```

```
        {
            xdat[i] = *(unsigned char volatile __xdata *)(0x8000 + i);
        }
        sprintf(s,"擦除后：%02X%02X%02X%02X%02X%02X%02X%02X \r\n\r\n", xdat[0],xdat[1],xdat[2],xdat[3],xdat[4],xdat[5],xdat[6],xdat[7]);
        UART0SendString(s);

        UART0SendString("按SW1键开始写入'1122334455667788'...... \r\n");

        /* 等待用户按下SW1键*/
        while(SW1 == 1);
        delay(100);
        while(SW1 == 0); //等待用户松开按键
        //写操作地址112*512(实际地址为112*2048），数据FlashData，字节2*4
        FLASHDRV_Write( (unsigned int)112*512, FlashData, 2);

        /* 显示XDATA存储器空间0x8000~0x8007这8个地址中的内容 */
        for(i=0;i<8;i++)
        {
            xdat[i] = *(unsigned char volatile __xdata *)(0x8000 + i);
        }

        sprintf(s,"写入后：%02X%02X%02X%02X%02X%02X%02X%02X \r\n\r\n", xdat[0],xdat[1],xdat[2],xdat[3],xdat[4],xdat[5],xdat[6],xdat[7]);
        UART0SendString(s);
        /* 等待用户按下SW1键*/
        UART0SendString("按SW1键重新开始...\r\n");
        while(SW1 == 1);
        delay(100);
        while(SW1 == 0); //等待用户松开按键
    }
}
/********************************************************************/
```

编译并生成目标代码，下载到实验板上运行，观察LED1的显示效果。

任务拓展

（1）拓展练习1

此任务程序设计点按SW1键开始Flash写、擦除，修改代码实现：

① 按下SW1时，进行Flash写、擦除，松开SW1停止操作。

② 进行Flash操作时LED1灯闪烁（周期1s）；停止操作，则LED1灯灭。

（2）拓展练习2

此任务程序设计时选用DMA传送数据，选用哪个通道？修改代码，重新配置寄存器，将数据通过其他通道传送。

单元总结

1）Flash控制器处理对Flash存储器的读/写操作。Flash存储器最多由128个页组成，每个页具有2048个字节。

Flash控制器具有以下特性：

① 32位字可编程。

② 页面擦除。

③ 锁位，用于写入保护盒代码安全。

④ 闪存写入时间（4字节）20μs。

⑤ 闪存页面擦除时间20ms。

⑥ 闪存芯片擦除时间200ms。

Flash存储器以"页"为组成单位，每个Flash页具有2048个字节。最小可擦除单位为1个Flash页。最小可写入单元为1个字(32bit)。

当执行页擦除操作时，要被擦除的页面闪存通过FADDRH[7:1]寻址。

当执行写操作时，Flash存储器是字可寻址的（1个字=32bit），使用被写入到地址缓存器FADDRH:FADDRL中的一个16位地址。

当CPU从Flash存储器中读取程序代码或数据时，闪存存储器是字节可寻址的。

2）Flash写操作可以通过下面两种方式之一执行：

① 使用DMA传输（首选方法）。

② 使用CPU，运行来自SRAM中的代码。

3）CC2530 Flash控制器的寄存器有：Flash控制寄存器FCTL、Flash写数据寄存器FWDATA、Flash地址高字节寄存器FADDRH、Flash地址低字节寄存器FADDRL。

习题

1）CC2530 Flash有什么特性？

2）CC2530 Flash存储组织是什么样的？

3）CC2530 Flash写操作步骤是什么？

4）CC2530 Flash写操作有哪几种方式？首选什么方式？

5）CC2530 Flash如何进行页面擦除？

学习单元 11

随机数生成器应用

单元概述

　　本学习单元的主要学习内容是CC2530单片机内部随机数生成器的使用方法，通过完成任务来学习什么是伪随机数以及如何利用种子产生随机数。同时，任务中利用串口通信知识讲解了如何创建外设驱动文件。

学习目标

知识目标：

　　了解什么是伪随机数。

　　了解使用随机数生成器产生伪随机数的方法。

　　掌握外设驱动文件的编写方法。

技能目标：

　　能够使用CC2530内部的随机数生成器产生随机数。

　　能够为CC2530内部外设编写驱动程序文件。

素质目标：

　　具备开阔、灵活的思维能力。

　　具备积极、主动的探索精神。

　　具备严谨、细致的工作态度。

任务	产生随机数

在系统启动后，当按下实验板上的SW1按键时，实验板通过给定的种子值产生5个伪随机数，并使用串口发送给计算机。

① 通电后串口显示初始化完成信息。

② 每次按下SW1按键后，系统根据程序给定的种子值产生5个伪随机数。

③ 将产生的伪随机数通过串口发送给计算机，计算机端显示信息如图11-1所示。

图11-1　计算机端显示信息

本任务主要是使用到CC2530内部的随机数生成器，要求使用种子值产生伪随机数，需要知道种子值的作用以及如何使用随机数生成器。SW1按键功能可使用之前学习的外部中断方法来实现。为方便系统与计算机之间实现串口通信，可将串口通信功能代码单独设计成一个驱动程序文件。

建议学生带着以下问题进行本任务的学习和实践。

● 什么是伪随机数？

● 什么是种子值？

● 如何利用随机数生成器和种子值产生伪随机数？

● 如何编写和使用串口通信驱动文件?

● 编写驱动文件有什么好处?

1．CC2530的随机数生成器

CC2530内部有一个随机数生成器,它是一个16位线性反馈移位寄存器,简称LFSR,其基本结构如图11-2所示。

图11-2　随机数生成器的基本结构

该随机数生成器带有多项式$X^{16}+X^{15}+\cdots\cdots X^2+1$（即CRC16）,其根据执行的不同操作,可使用不同级别的展开值。因此,该随机数生成器具有以下功能:

① 产生伪随机数,可被CPU读取使用或由命令选择处理器直接使用。

② 计算写入RNDH寄存器的值的CRC16校验值。

随机数生成器常用于无线通信方面。

扫码看视频

2．伪随机数与种子值

（1）伪随机数

随机数在某次产生过程中是按照实验过程中表现的分布概率随机产生的,其结果是不可预测的,是不可见的。而计算机中的随机数是按照一定算法模拟产生的,其结果是确定的,是可见的,所以用计算机随机函数所产生的"随机数"并不随机,是伪随机数。

也可以这样来解释伪随机数:计算机通过运行某种随机算法来获取随机数,但只要算法是给定的,在条件完全一样的多次计算过程中,所获得的随机数也会是一样的,并没有体现出真正的随机。所谓的随机只不过是通过改变外界条件（如计算时间间隔等）导致的计算结果不同而已。

（2）种子值

计算机在使用随机算法计算随机数时,需要给算法一个初始的值,算法通过对这个初始值的运算获取随机数结果。这个最初使用的计算值也称种子值。

由于算法是固定的,所以如果种子值是人为给定的,则计算出的随机值必然能够被预见到。若想获取真正的、不可预见的随机数,则必须保证种子值也是随机产生的,在CC2530实际应用中通常通过采集自然环境中的电磁波的杂波信号来作为种子值使用。

CC2530中随机数生成器使用的种子值为16位数据,在使用随机数生成器之前应将种子值写入LFSR中。需要注意的是,由于随机数生成器的特殊结构,0x0000和0x8003两个值不能用于随机数产生。

3．随机数生成器的运用

要使用CC2530的随机数生成器，主要依靠使用RNDL、RNDH和ADCCON1这三个特殊功能寄存器。

（1）RNDL寄存器和RNDH寄存器

这两个寄存器是随机数生成器的低8位数据和高8位数据，在产生随机数前用来存放种子值，在产生随机数时用来存放随机数计算结果。RNDL和RNDH两个寄存器的描述见表11-1和表11-2。

表11-1　RNDL寄存器

位	位名称	复位值	操作	描述
7:0	RNDL[7:0]	0xFF	R/W	种子值/随机数低8位数据，在进行CRC16运算时为CRC计算结果的低8位 注意，在向该寄存器写入数据时，CC2530会先将该寄存器的原有值复制到RNDH寄存器，然后才将此寄存器的值更新成新的数值

表11-2　RNDH寄存器

位	位名称	复位值	操作	描述
7:0	RNDH[7:0]	0xFF	R/W	种子值/随机数高8位数据，在进行CRC16运算时为输入数据的寄存器，并输出CRC计算结果的高8位 注意，在向该寄存器写入数据时，会触发CRC校验计算功能

根据RNDL和RNDH两个寄存器的描述可知，在使用CC2530的随机数生成器时根据需要的功能不同，要进行如下不同的操作：

1）产生随机数。先分两次向RNDL寄存器写入种子值，第一次写种子值的高8位，第二次写种子值的低8位（此时自动将之前写入的高8位复制到RNDH寄存器）。然后启动计算随机数过程，最后分别从RNDL和RNDH寄存器中读取随机数的低8位值和高8位值。

2）进行CRC16校验。将要进行校验的值直接写入RNDH寄存器，然后分别从RNDL和RNDH寄存器中读取CRC16校验结果的低8位值和高8位值。注意，在开始CRC16校验前也必须通过写RNDL来为LFSR提供种子值，只不过通常用于CRC计算的种子值应该是0x0000或0xFFFF。

（2）ADCCON1寄存器

ADCCON1寄存器主要用于ADC功能，该寄存器只有第2、3位与随机数生成器控制有关，见表11-3。

表11-3 ADCCON1寄存器中与随机数生成器有关的位

位	位名称	复位值	操作	描述
3:2	RCTRL[1:0]	00	R/W	控制16位随机数生成器，当写入01时，随机数生成器不展开运行一次，并在运行完成时自动将此值复位成00 00：正常运行（13X展开） 01：运行一次（不展开） 10：保留 11：停止，关闭随机数生成器

根据ADCCON1.RCTRL的描述可知，要获取一个随机数，只需向其写入01，并等到其再变成00后便可读取随机数的值。

任务实施

扫码看视频

建立本任务的工程项目，并在工程中添加"code.c"代码文件。

1．任务实施思路

任务要求使用SW1按键控制产生随机数，并通过串口将种子数和产生的随机数发给计算机。可以让SW1按键以外部中断方式工作，并将产生随机数和串口发送数据写成一个函数，然后在SW1按键的中断服务函数中调用相应功能函数即可。

同时，为了便于将来使用串口通信功能，可将串口通信模块的驱动代码单独写成一个驱动文件，以便在当前任务和将来编程中使用。

2．串口驱动文件设计

将单片机中所含外设的驱动代码写成驱动程序文件可以有效提高代码利用效率、减少编程工作量。使用驱动文件的编程思想，只需要编写一次代码，当将来用到该外设的时候直接调用驱动程序文件中的功能函数即可。

单片机开发中，一个外设的驱动程序文件往往由代码文件和头文件构成。

① 代码文件：.c文件，内部保存的是功能函数的具体代码。

② 头文件：.h文件，内部保存的是函数声明、公共变量声明等。

（1）创建串口驱动代码文件

1）在本任务的工程项目中创建一个空白文档，保存成"Uart.c"文件并添加到项目中。

2）在Uart.c文件中编写与串口操作相关的功能代码函数，如初始化函数、发送函数等，可参照前面串口通信部分所学习的内容。

Uart.c文件中的功能代码参照如下：

```
/* 包含头文件 */
#include "ioCC2530.h"
#include "Uart.h"

/**************************************************************
```

```
* 函数名称: initUART0
* 功能: UART0初始化
***********************************************************/
void initUART0(void)
{
    PERCFG = 0x00;          //片内外设引脚使用默认状态
    P0SEL = 0x3c;           //P0_2、P0_3、P0_4和P0_5为片内外设引脚
    U0CSR |= 0x80;          //设置USART0工作在UART模式
    U0BAUD = 216;           //32MHz时钟频率下波特率为57 600bit/s
    U0GCR = 10;
    U0UCR |= 0x80;          //进行USART清除
    UTX0IF = 0;             // 清零UART0 TX中断标志
    EA = 1;                 //使能全局中断
}


/***********************************************************
* 函数名称: UART0SendByte
* 功能: UART0发送一个字符
***********************************************************/
void UART0SendByte(unsigned char c)
{
    U0DBUF = c;             //发送字符
    while (!UTX0IF);        // 等待TX中断标志,即U0DBUF就绪
    UTX0IF = 0;            // 清零TX中断标志
}


/***********************************************************
* 函数名称: UART0SendString
* 功能: UART0发送一个字符串
***********************************************************/
void UART0SendString(unsigned char *str)
{
  while(*str != '\0')
  {
    UART0SendByte(*str++);           // 发送一字节
  }
}
```

注意,在该文件的头部引用"Uart.h"头文件。

(2)创建串口驱动程序头文件

1)在本任务的工程项目中创建一个空白文档,保存成"Uart.h"文件。

2)在Uart.h文件中添加宏定义代码如下:

```
#ifndef Uart_H
```

```
#define Uart_H
```

```
#endif
```

该宏定义的作用是避免Uart.h被重复引用。

3）在头文件中声明可被外界代码调用的函数等。

函数必须在被调用前进行声明，将函数声明写在头文件中后，只需在其他代码文件中调用该头文件即可。由于此处可供外界调用的函数主要是串口初始化函数和发送函数，因此需要在头文件的"#define ……"和"#endif"之间添加以下声明内容。

```
/*函数声明*/
void initUART0(void);
void UART0SendByte(unsigned char c);
void UART0SendString(unsigned char *str);
```

Uart.h头文件中完整的代码参照如下：

```
#ifndef Uart_H
#define Uart_H
```

扫码看视频

```
/*函数声明*/
void initUART0(void);
void UART0SendByte(unsigned char c);
void UART0SendString(unsigned char *str);
```

```
#endif
```

3．代码设计

串口驱动程序文件准备好后，可以在"code.c"文件中开始主功能代码的设计。

（1）引用相关头文件

```
#include "ioCC2530.h"
#include "Uart.h"
#include "stdio.h"          //C语言标准输入/输出库的头文件
```

要使用串口驱动文件，必须要在项目中添加"Uart.c"文件，并在主程序文件的开始处引用"Uart.h"头文件。

由于程序中将使用sprintf()函数，所以在此也引用了"stdio.h"头文件。

（2）设计系统时钟源选择函数

由于要使用串口通信功能，需将系统时钟源选择为外部32MHz晶振，根据前面学习的内容添加如下代码：

```
enum SYSCLK_SRC {RC_16MHz,XOSC_32MHz};//时钟选择枚举
/****************************************************************
函数名称：SystemClockSourceSelect
功能：选择系统时钟源(主时钟源)
入口参数：source
```

```
            XOSC_32MHz  32MHz晶体振荡器
            RC_16MHz    16MHz RC振荡器
出口参数：无
返回值：无
******************************************************************/
void SystemClockSourceSelect(enum SYSCLK_SRC source)
{
    unsigned char clkconcmd,clkconsta;
    if(source == RC_16MHz)
    {
        CLKCONCMD &= 0x80;
        CLKCONCMD |= 0x49;
    }
    else if(source == XOSC_32MHz)
    {
        CLKCONCMD &= 0x80;
    }
    /* 等待所选择的系统时钟源(主时钟源)稳定 */
    clkconcmd = CLKCONCMD;                    // 读取时钟控制寄存器   do
    {
    clkconsta = CLKCONSTA;                    // 读取时钟状态寄存器   }
    while(clkconsta != clkconcmd);            // 等待选择的系统时钟源稳定
}
```

（3）对SW1按键的外部中断功能进行初始化

参照中断部分学习的知识，添加如下代码：

```
/******************************************************************
函数名称：P1INT_Init
功能：初始化P1口外部中断，用于SW1按键。
入口参数：无
出口参数：无
返回值：无
******************************************************************/
void P1INT_Init()
{
    IEN2 |= 0x10;                    //使能P1端口中断
    P1IEN |= 0x04;                   //使能P1_2端口中断
    PICTL |= 0x02;                   //P1_3到P1_0端口下降沿触发中断
    EA = 1;                          //使能总中断
}
```

（4）编写SW1按键的中断服务函数
```
/******************************************************
函数名称：P1_INT
```

功能：P1口外部中断服务函数

入口参数：无

出口参数：无

返回值：无

***/

```c
#pragma  vector = P1INT_VECTOR
__interrupt void P1_INT(void)
{
    if(P1IFG & 0x04)                  //如果P1_2端口中断标志位置位
    {
    getRandomNumber(0x6688);          //获取随机数序列
        P1IFG &= ~0x04;               //清除P1_2端口中断标志位
    }
     P1IF = 0;                        //清除P1端口中断标志位
}
```

中断服务函数中调用的getRandomNumber()函数就是获取随机数的功能函数。

（5）编写获取随机数功能函数

getRandomNumber()函数用来获取5个随机数并通过串口进行发送，该函数用设定的种子值作为入口参数，函数体的参照代码如下：

/***

函数名称：getRandomNumber

功能：根据种子值产生5个伪随机数序列，并通过串口输出。

入口参数：seed——16位种子值

出口参数：无

返回值：无

***/

```c
void getRandomNumber(unsigned int seed)
{
    unsigned char s[100];                //用于串口输出字符串
    unsigned char i;                     //用于循环输出
    unsigned int rn;                     //产生的随机数
    sprintf(s,"种子值为0x%04X，产生5个随机数序列为： \r\n",seed);
    UART0SendString(s);

    RNDL = seed>>8;                      //写入种子值高8位
```

```
        RNDL = seed;                                //写入种子值低8位

        for(i=0;i<5;i++)                            //产生5个随机数并从串口输出
        {
            ADCCON1 |= 0x04;                        //开始产生随机数
            while(ADCCON1 & 0x04);                  //等待随机数产生完成
            rn = RNDH;                              //读取随机数
            rn = (rn<<8)|RNDL;
            sprintf(s,"0x%04X \r\n",rn);            //输出随机数
            UART0SendString(s);
        }

}
```

（6）main函数设计

由于采用中断控制方式，所以主函数中主要是对各个功能模块进行初始化。

```
/*****************************************************************

函数名称：main

功能：程序主函数

入口参数：无

出口参数：无

返回值：无

*****************************************************************/

void main(void)

{

    SystemClockSourceSelect(XOSC_32MHz);//设置系统时钟源

    initUART0();                    //初始化UART0

    P1INT_Init();                   //初始化SW1按键中断

    UART0SendString("系统初始化完成！\r\n");

    while(1);

}
```

　　编译并生成目标代码，下载到实验板上运行，使用串口线连接实验板与计算机。在计算机上运行串口调试软件，操作SW1按键，观察计算机接收到的信息。

可将SW1中断服务函数中的种子值改成0x0000或0x8003后再看有什么区别。

任务拓展

（1）拓展练习1

利用定时方式获取随机数，具体要求如下：

① 系统上电后只指定一次种子值。

② 指定种子值后，系统每隔2s产生一个随机数，并将随机数通过串口发送给计算机。

提示：使用定时器进行定时即可，应在main函数中只指定一次种子值。

（2）拓展练习2

使用随机数生成器的CRC16校验计算功能，具体要求如下：

① 系统上电后串口输出"系统初始化完成！"信息。

② 计算机通过串口向实验板发送10个字节的十六进制数据。

③ 实验板接收到10个数据后将其作为数据序列，计算出CRC16校验值。

④ 实验板将16位校验值结果通过串口发送给计算机。

单元总结

1）CC2530的随机数生成器可利用种子值产生随机值，也可用来进行CRC16校验计算。

2）计算机通过算法产生的随机数是伪随机数，这些数的产生是有规律可循、可以预测的。

3）如果要获取真正的随机数，只需要保证种子是随机值即可，通常可采集自然环境中的变动信息并将其作为种子值即可。

4）向RNDH寄存器写值是触发CRC16校验计算，设置种子值时，应向RNDL寄存器写两次，先写种子值的高8位数据，再写种子值的低8位数据。

5）使用驱动程序文件能减少代码开发工作量，典型的单片机外设驱动程序文件由代码文件和头文件构成。

习题

1）伪随机数和随机数有什么区别？

2）如何设计单片机外设驱动文件？

学习单元⑫

PWM控制

单元概述

本学习单元主要是在前面学习的基础上利用定时器控制开关信号的开通时间和关闭时间，调整占空比来控制LED灯的亮度。CC2530的每个输出通道都有相关的寄存器控制，通道捕获/比较控制寄存器用于设置输出PWM信号的波形，通道捕获/比较值寄存器和T1CC0用于设置PWM信号的周期和占空比。

学习目标

知识目标：

掌握脉冲宽度调制（PWM）的工作原理。

掌握CC2530定时器1的使用方法。

掌握中断应用方法。

技能目标：

能够使用CC2530定时器设置PWM的周期和占空比来实现呼吸灯的功能。

素质目标：

具备开阔、灵活的思维能力。

具备积极、主动的探索精神。

具备严谨、细致的工作态度。

任务	**实现呼吸灯效果**

任务要求

　　使用CC2530单片机内部定时/计数器来控制LED1进行闪烁，实现呼吸灯效果，具体要求如下：

　　① 实现PWM输出控制驱动LED1。

　　② 逐渐改变PWM的占空比来模拟LED1的呼吸灯过程。

　　③ LED1的亮度从暗到亮。

　　④ 亮度到达最大时再逐渐变暗。

　　⑤ 达到最暗时再慢慢变亮。

任务分析

　　本任务要求对LED1的亮度进行调节，能够实现由暗变亮再由亮变暗的过程，选用定时器1来进行时间控制和计数功能。通过改变占空比来实现灯的亮度变化。需要知道什么是PWM，怎样利用CC2530的定时器1来实现PWM输出调光。

　　建议学生带着以下问题进行本任务的学习和实践。

　　● 什么是PWM？

　　● CC2530的定时器1是怎样来输出控制PWM的？

必备知识

　　1．呼吸灯

　　呼吸灯就是让LED灯的闪烁像呼吸一样，时呼时吸，时暗时亮，利用LED的余辉和人眼的暂留效应，看上去和呼吸一样。

　　编程实现PWM（脉宽调制）输出驱动LED，控制PWM电平的宽度，逐渐改变PWM的占空比来使得LED能够模拟呼吸过程——由渐暗到渐亮，渐亮到渐暗，如此反复，利用LED余辉和人眼的暂留效应，实现模拟呼吸过程。

　　2．CC2530定时器的PWM功能

　　定时器1是一个独立的16位定时器，支持典型的定时/计数功能，比如输入捕获，输出比较和PWM功能。定时器1有5个独立的捕获/比较通道。每个通道使用一个I/O引脚。

　　定时器1的功能如下：

　　① 5个捕获/比较通道。

② 可选择上升沿、下降沿或任何边沿进行输入捕获。

③ 设置、清除或切换输出比较。

④ 自由运行、模或正计数/倒计数操作。

⑤ 在每个捕获/比较和最终计数上生成中断请求。

⑥ DMA触发功能。

可以通过两个8位的SFR读取16位的计数器值：T1CNTH和T1CNTL，分别包含高位和低位字节。当读取T1CNTL时，计数器的高位字节在那时被缓冲到T1CNTH，以便高位字节可以从T1CNTH中读出。因此T1CNTL必须总是在读取T1CNTH之前首先读取。

对T1CNTL寄存器的所有写入访问将复位16位计数器。当达到最终计数值（溢出）时，计数器产生一个中断请求。可以通过设置T1CTL来控制定时器开始或挂起。如果是非00值写入T1CTL.MODE，则计数器开始运行；如果是00写入T1CTL.MODE，则计数器停止在它现在的值上。

（1）自由运行模式

自由运行模式如图12-1所示。

扫码看视频

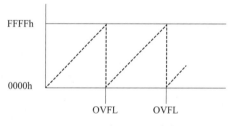

图12-1　自由运行模式

自由运行模式的计数周期是固定值0xFFFF，当计数器达到最终计数值0xFFFF时，系统自动设置标志位IRCON.T1IF和T1STAT.OVFIF。

（2）定时器1寄存器

与定时器1相关的寄存器有：

① T1CNTH、T1CNTL：定时器1计数器高、低字节。

② T1CTL：定时器1控制器。

③ T1STAT：定时器1状态标志位。

④ T1CCTLn：定时器1捕获/比较控制。

⑤ T1CCnH、T1CCnL：定时器1捕获寄存器高、低字节。

⑥ TIMIF：定时器1/3/4中断屏蔽/标志。

扫码看视频

3．PWM调光原理

（1）占空比

要理解PWM调光原理，先理解占空比的概念。占空比是指脉冲信号的通电时间与通电周期之比。在一串理想的脉冲周期序列中（如方波），正脉冲的持续时间与脉冲总周期的比值。例如，脉冲宽度1μs，信号周期4μs的脉冲序列占空比为0.25。在一段连续工作时间内脉冲占用的时间与总时间的比值。

（2）PWM调光

脉宽调制（PWM）是利用微处理器的数字输出来对模拟电路进行控制的一种非常有效的技术，广泛应用在从测量、通信到功率控制与变换及LED照明等许多领域。

PWM是一种对模拟信号电平进行数字编码的方法。通过高分辨率计数器的使用，方波的占空比被调制成对一个具体模拟信号的电平进行编码。PWM信号仍然是数字的，因为在给定的任何时刻，满幅值的直流供电只有完全有（ON）和完全无（OFF）这两种。

PWM采用调整脉冲占空比达到调整电压、电流、功率的方法最终达到调整光亮度的目的。PWM就是指在一定的时间内用高低电平所占的比例不同来控制一个对象，比如在1ms内，高电平占0.3ms，低电平占0.7ms。如果用高电平去闭合一个开关，此开关再去控制一个LED灯，低电平是断开这个开关，那么在1ms内，这个灯就只能通电0.3ms，而0.7ms内是不通电的。这个灯的通电时间只有30%。如果把高电平的时间延长到0.7ms，则低电平就只有0.3ms了，此时灯的通电时间就变成70%了。灯获得的能量变大，亮度自然就提高了。

1．任务实现思路

选用定时器1，设置定时器1的工作方式，判断通道2有没有中断，清除中断标志。判断改变亮度的时间是否已到，根据此时LED灯的状态决定灯的亮暗时间变化趋势。

程序的主要内容是对定时器1的初始化配置和亮度的变化，程序执行流程可参照图12-2。

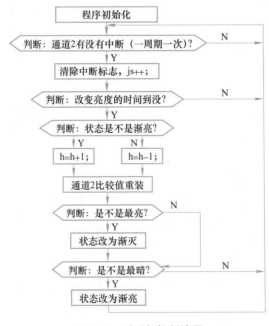

图12-2　呼吸灯控制流程

2．代码设计

（1）设置定时器1分频系数

定时器1的计数信号来自CC2530内部系统时钟信号的分频，可选择1、8、32或128分频。T1CTL寄存器描述见表12-1。

表12-1　T1CTL寄存器

位	位名称	复位值	操作	描述
7:4	—	0000	R0	保留
3:2	DIV[1:0]	00	R/W	定时器1时钟分频设置 00：1分频 01：8分频 10：32分频 11：128分频
1:0	MODE[1:0]	00	R/W	定时器1工作模式设置 00：暂停运行 01：自由运行模式，从0x0000到0xFFFF反复计数 10：模模式 11：正计数/倒计数模式

在本任务中，为定时器1选择1分频，自由运行模式，代码如下：

```
T1CTL |= 0x01;        //定时器选择1分频，自由运行模式状态
```

（2）了解T1STAT-定时器1状态

T1STAT定时器1状态见表12-2。

表12-2　T1STAT定时器1

位	位名称	复位值	操作	描述
7:6	—	0	R0	保留
5	OVFIF	0	R/W0	定时器1计数器溢出中断标志，当计数器在自由运行模式下达到最终计数值时设置
4	CH4IF	0	R/W0	定时器1通道4中断标志
3	CH3IF	0	R/W0	定时器1通道3中断标志
2	CH2IF	0	R/W0	定时器1通道2中断标志
1	CH1IF	0	R/W0	定时器1通道1中断标志
0	CH0IF	0	R/W0	定时器0通道4中断标志

（3）输出比较模式

1）设置P1_0为输出。

扫码看视频

P1DIR(0xFE)端口1方向见表12-3。

表12-3 P1DIR（0xFE）端口1

位	名称	复位	R/W	描述
7:0	DIRP1_[7:0]	0x00	R/W	P1_7到P1_0的I/O方向 0：输入 1：输出

P1的8个引脚对应8个设置位，最高位为P1_7设置位，最低位为P1_0设置位。

P1DIR=0x01；为避免直接赋值会冲掉P1的其他输出端口，用"按位或"来表示：

    P1DIR|=0x01；

2）了解外设I/O引脚。

参考本书附录B可得出信息：P1_0可作为定时器T1通道2的备用引脚来使用。

3）外设控制。

PERCFG(0xF1) 外设控制见表12-4。

表12-4 PERCFG（0xF1）外设控制

位	名称	复位	R/W	描述
7	—	0	R/W	没有使用
6	T1CFG	0	R/W	定时器1的I/O位置 0：备用位置1 1：备用位置2
5	T3FG	0	R/W	定时器3的I/O位置 0：备用位置1 1：备用位置2
4	T4FG	0	R/W	定时器4的I/O位置 0：备用位置1 1：备用位置2
3:2		00	R0	没有使用
1	U1CFG	0	R/W	USART 1的I/O位置 0：备用位置1 1：备用位置2
0	U0FG	0	R/W	USART 0的I/O位置 0：备用位置1 1：备用位置2

设置代码：

    PERCFG|=0x40；

4）将P1_0设置为外设功能。

P1SEL(0xF4)端口1功能选择见表12-5。

表12-5　P1SEL（0xF4）端口1

位	名称	复位	R/W	描述
7:0	SELP1_[7:0]	0x00	R/W	P1_7到P1_0功能选择 0：通用I/O 1：外设功能

设置代码：

```
P1SEL|=0x01;
```

5）设置T1CCTL2——定时器1通道2捕获/比较控制。

T1CCTL2定时器1通道2捕获/比较控制见表12-6。

表12-6　T1CCTL2定时器1通道2捕获/比较控制

位	名称	复位	R/W	描述
7	RFIRQ	0	R/W	设置时使用RF捕获而不是常规捕获输入
6	IM	1	R/W	通道2中断屏蔽，设置时使能中断请求
5:3	CMP[2:0]	000	R/W	通道2比较模式选择。当定时器的值等于在T1CC2中的比较值时选择操作输出 000：比较设置输出 001：比较清除输出 010：比较切换输出 011：向上比较设置输出，在定时器值为0时清除输出 100：向上比较清除输出，在定时器值为0时设置输出
2	MODE	0	R/W	模式，选择定时器1通道2比较或者捕获模式 0：捕获模式 1：比较模式
1:0	CAP[1:0]	00	R/W	—

设置代码：

```
T1CCTL2|=0x64;  || 01100100
```

6）设置T1CC2——定时器1通道2捕获/比较值。

通道2的捕获/比较值由T1CC2H和T1CC2L两个寄存器的值构成，见表12-7和表12-8。

表12-7　T1CC2H寄存器

位	名称	复位	R/W	描述
7:0	T1CC2[15:8]	0x00	R/W	定时器1通道2捕获/比较值，高位字节

表12-8　T1CC2L寄存器

位	名称	复位	R/W	描述
7:0	T1CC2[7:0]	0x00	R/W	定时器1通道2捕获/比较值，低位字节

先写低位，再写高位：

```
T1CC2L=0xFF;
T1CC2H=h;
```

（4）程序初始化

```
P1DIR|=0x01;//P1_0设置位输出
LED1=0;//熄灭LED1

T1CTL=0x01;//定时器1的控制和状态
PERCFG=0x40;//外设控制
P1SEL|=0x01;//P1_0设置位外设功能
T1CCTL2=0x64;//定时器1通道2比较控制

T1CC2L=0xFF;//定时器1通道2比较值
T1CC2H=h;
```

扫码看视频

对LED控制端口和定时器1进行初始化后的代码如下：

```
unsigned char h;

/******************LED1初始化部分*****************/
void InitLed()
{
    P1SEL &= ~0x01;              //设置P1_0端口为普通I/O端口
    P1DIR |= 0x01;               //设置P1_0端口为输出端口
    LED1 = 0;                    //熄灭LED1
}
/***********************************************/

/***************定时器1初始化部分***************/
void InitT1()
{
    T1CTL |= 0x01;               //定时器1时钟频率1分频，自动重装0x0000～0xFFFF
    PERCFG=0x40;                 //定时器1选择外设位置2
    P1SEL|=0x01;                 //P1_0选择外设功能
    T1CCTL2=0x64;                //定时器1通道2向上比较，比较模式
    T1CC2L=0xFF;                 //定时器1通道2比较值
```

```
        T1CC2H=h;
    }
/*******************************************************/
```

主函数程序如下：

```
void main(void)
{
    unsigned char js=0;
    unsigned char a=1;              //a=1为渐亮，a=2为渐灭
    InitLed();        //调用初始化函数
    InitT1();
    while(1)
    {
    if((T1STAT&0x04)>0)
        {
        T1STAT=T1STAT&0xfb;        //清除中断标志
        js++;
        if(js>=1)                    //改变亮度的时间
        {
            js=0;        //清零
                if(a==1)          //渐亮
                  h=h+1;
                else              //渐灭
                  h=h−1;
                T1CC2L=0xff;      //重装比较值
                T1CC2H=h;
                if(h>=254)        //最大亮度
                  a=2;            //设为渐灭
                if(h==0)          //最小亮度
                  a=1;            //设为渐亮
}}}}
```

扫码看视频

编译并生成目标代码，下载到实验板上运行，观察LED1的显示效果。

任务拓展

（1）拓展练习1

使用定时器1分别控制4个LED，4个LED按照顺序分别实现呼吸灯功能，增加炫彩效果。

（2）拓展练习2

使用定时器3实现呼吸灯任务。

提示：注意定时器3使用的是8位计数器。

单元总结

1）定时器1除了具有最基本的定时和计数功能外，还具有捕获、比较和PWM输出功能。

2）呼吸灯原理就是逐步改变PWM的占空比来改变LED亮灭的时间来实现的。

3）CC2530的每个输出通道都有相关的寄存器控制，通道捕获/比较控制寄存器用于设置输出PWM信号的波形，通道捕获/比较值寄存器和T1CC0用于设置PWM信号的周期和占空比。

4）定时器1有5个独立的捕获/比较通道。每个通道使用一个I/O引脚。

5）PWM采用调整脉冲占空比达到调整电压、电流、功率的方法最终达到调整光亮度的目的，PWM就是指在一定的时间内用高低电平所占的比例不同来控制一个对象。

6）自由运行模式的计数周期是固定值0xFFFF，当计数器达到最终计数值0xFFFF时，系统自动设置标志位IRCON.T1IF和T1STAT.OVFIF。

7）可以通过两个8位的SFR读取16位的计数器值：T1CNTH和T1CNTL，分别包含高位和低位字节。

习题

1）PWM原理是什么？

2）简要说明呼吸灯是怎么实现的？

3）定时器1的初始化流程是什么？

4）列举与定时器1相关的寄存器。

附录

附录A　CC2530引脚描述

引脚序号	引脚名称	类型	引脚描述
1	GND	电源GND	连接到电源GND
2	GND	电源GND	连接到电源GND
3	GND	电源GND	连接到电源GND
4	GND	电源GND	连接到电源GND
5	P1_5	数字I/O	端口1_5
6	P1_4	数字I/O	端口1_4
7	P1_3	数字I/O	端口1_3
8	P1_2	数字I/O	端口1_2
9	P1_1	数字I/O	端口1_1
10	DVDD2	电源（数字）	2～3.6V数字电源连接
11	P1_0	数字I/O	端口1_0～20mA驱动能力
12	P0_7	数字I/O	端口0_7
13	P0_6	数字I/O	端口0_6
14	P0_5	数字I/O	端口0_5
15	P0_4	数字I/O	端口0_4
16	P0_3	数字I/O	端口0_3
17	P0_2	数字I/O	端口0_2
18	P0_1	数字I/O	端口0_1
19	P0_0	数字I/O	端口0_0
20	RESET_N	数字输入	复位，低电平有效
21	AVDD5	电源（模拟）	2～3.6V模拟电源连接
22	XOSC—Q1	模拟I/O	32MHz晶振引脚1或外部时钟输入
23	XOSC—Q2	模拟I/O	32MHz晶振引脚2

（续）

引脚序号	引脚名称	类型	引脚描述
24	AVDD3	电源（模拟）	2～3.6V模拟电源连接
25	RF_P	I/O	RX期间负RF输入信号到LNA
26	RF_N	I/O	RX期间正RF输入信号到LNA
27	AVDD2	电源（模拟）	2～3.6V模拟电源连接
28	AVDD1	电源（模拟）	2～3.6V模拟电源连接
29	AVDD4	电源（模拟）	2～3.6V模拟电源连接
30	RBIAS	模拟I/O	参考电流的外部精密偏置电阻
31	AVDD6	电源（模拟）	2～3.6V模拟电源连接
32	P2_4	数字I/O	端口2_4
33	P2_3	数字I/O	端口2_3
34	P2_2	数字I/O	端口2_2
35	P2_1	数字I/O	端口2_1
36	P2_0	数字I/O	端口2_0
37	P1_7	数字I/O	端口1_7
38	P1_6	数字I/O	端口1_6
39	DVDD1	电源（数字）	2～3.6V数字电源连接
40	DCOUPL	电源（数字）	1.8V 数字电源去耦

附录B　CC2530外设I/O引脚映射

外设/功能	P0								P1								P2				
	7	6	5	4	3	2	1	0	7	6	5	4	3	2	1	0	4	3	2	1	0
ADC	A7	A6	A5	A4	A3	A2	A1	A0													T
USART0_SPI			C	SS	MO	MI															
Alt2（备选位置）											MO	MI	C	SS							
USART0_UART			RT	CT	TX	RX															
Alt2											TX	RX	RT	CT							
USART1_SPI			MI	MO	C	SS															
Alt2									MI	MO	C	SS									
USART1_UART			RX	TX	RT	CT															
Alt2									RX	TX	RT	CT									
TIMER1		4	3	2	1	0															
Alt2	3	4												0	1	2					
TIMER3												1	0								
Alt2									1	0											
TIMER4															1	0					
Alt2																		1			0
32kHz XOSC																	Q1	Q2			
DEBUG																			DC	DD	

参 考 文 献

[1] 李文华. 单片机应用技术（C语言版）[M]. 北京：人民邮电出版社，2011.

[2] 黄元峰，刘晓静，高玉良，等. 电工电子[M]. 2版. 北京：人民邮电出版社，2011.

[3] 王小强，欧阳骏，黄宁淋. ZigBee无线传感器网络设计与实现[M]. 北京：化学工业出版社，2012.

[4] 高守玮，ZigBee技术实践教程[M]. 北京：北京航空航天大学出版社，2009.

[5] 姜仲，刘丹. ZigBee技术与实训教程：基于CC2530的无线传感网技术[M]. 北京：清华大学出版社，2014.